E AGORA?

E AGORA?

RICARDO MATTOS

Copyright © 1ª. Edição 2021 Ricardo Mattos

Todos os direitos reservados. A reprodução não autorizada desta publicação, no todo ou em parte, constitui violação de direitos autorais.

1ª. Edição 2021

ISBN: 9798541511680

ÍNDICE

Dedicatória

Prefácio.

Falando sobre a VERDADE

O que eu tenho a ver com a física quântica

Quantum

Princípio da complementaridade

Platão e o mundo das ideias

Função de onda e Colapso da função de onda

Crenças limitantes – ultrapassando o novo e o "inexplicável"

Eliminando as crenças limitantes

Correlação quântica e Efeito não local

Efeito Zenão quântico

Emaranhamento quântico

Transmissão da informação

As ondas cerebrais

Acessando frequências para cocriação

E agora?

Experimento do DNA e a comunicação do sentimento.

Evoluindo com o método P.I.S.A.R

Autossabotagem

Palavras finais

E AGORA?

DEDICATÓRIA

Aos meus filhos e esposa.

E AGORA?

PREFÁCIO

Em meu primeiro livro fizemos uma breve viagem sobre a relação entre a filosofia, a religião e a física quântica para entendermos um pouco do que é a VERDADE sobre a vida.

Não pensem que a nossa capacidade de se relacionar é por acaso e que somos pequenos o suficiente que não possamos mudar toda uma crença mundial. Existem interesses muito fortes para que toda essa sistemática que vivemos, do encortinamento na frente de nossos olhos permaneça. É natural que alguns tenham que permanecer em seu estado submisso para que outros cada vez mais possam se sobressair.

Uma prática que gostei de adotar no meu primeiro livro e que reproduzirei também neste, é tentar anteceder um pouco aqui nos primeiros parágrafos o que o leitor encontrará ao ler todas as páginas desse livro como forma de prepará-los mentalmente para entender e se aprofundar no assunto.

Nesse livro vamos começar falando da interação da física quântica com nossas vidas de formas que usualmente não paramos para pensar e que estamos tão próximos de vários experimentos e não percebemos. Colocarei um pouco mais de "pimenta" em nossa mente com a descrição de outros experimentos que nos levarão a reconhecer cada vez mais a nossa relação com o meio, com os sentimentos e com o nosso poder de criação da realidade.

Vou aprofundar também em alguns questionamentos intrigantes que nos levarão a ter uma outra percepção do que atualmente temos como certo. A idéia é tentear quebrar algumas crenças e paradigmas universais.

Passaremos um pouco pelos conceitos das ondas cerebrais, como podemos trabalhar com elas na busca do relaxamento e conquista de nossos desejos. Faremos um paralelo das ondas eletromagnéticas com essas ondas cerebrais e como o conceito físico da ação e reação ou como o entrelaçamento quântico pode ser percebido nesses momentos.

Durante a leitura desse livro queremos instigar o leitor a pensar, se intrigar e quem sabe questionar as crenças a muito arraigadas em suas mentes. Segundo Matheus 10,8 – "De graça recebestes, de graça deveis dar" - ele exprime a vontade de Jesus em compartilhar com o povo o conhecimento sobre toda a VERDADE, e que ao obtermos esse conhecimento deveremos compartilhá-lo com todos sem distinção e de forma humanitária.

Se conseguirmos isso, o próximo passo desse livro será transcender o conhecimento e nos perguntar o que podemos fazer com o conhecimento adquirido e como utilizá-lo em nosso proveito e no benefício dos outros, da sociedade e do mundo.

FALANDO SOBRE A VERDADE

E AGORA?

E AGORA?

Depois de escrever o livro A VERDADE É BEM MAIS ALÉM DO QUE ISSO algumas pessoas me questionaram qual a utilidade desse conhecimento e como poderíamos tirar proveito disso, pois muitos achavam que era algo bastante distante de suas realidades e de seu cotidiano.

Um dos motivos que me levaram a escrever esse livro foi a idéia de tentar trazer para o conhecimento de todos através de citações de nossas atividades diárias, a VERDADE da vida. O que ela pode nos trazer de bom para a nossa felicidade, convivência com o próximo, e por que não, nos trazer abundância?

Pois bem, posso afirmar que nosso dia a dia está repleto de acontecimentos ligados ao mundo quântico e suas interações e nós se quer percebemos.

Para isso, novamente prefiro iniciar esse livro, da mesma forma que fiz no anterior, explicando vários temas sobre a física quântica de forma mais simples, tentando trazer àquelas pessoas que não conhecem ou que ainda não se aprofundaram no assunto, uma maior clareza e uma limpeza no seu "para-brisa da vida". Passaremos por novas experiências físicas que comprovam muito do que é dito neste livro e também novamente comparando-as às citações bíblicas e filosóficas.

Tentarei proporcionar um melhor entendimento ao leitor e maior confiança nos assuntos aqui abordados quebrando crenças e paradigmas pessoais.

Quando nos posicionamos de forma correta, no sentido de que estendemos como funciona o universo e nossa relação com ele, somos capazes de adentrar num mundo totalmente novo e cheio de surpresas positivas. Deus não fez o homem para o sofrimento. A idéia de um deus malvado e opressor já não faz parte do cotidiano de muitos, e há muitos anos. Porém, ainda vemos várias pessoas falando pelos cantos o quão estão sendo injustiçados, o quanto que pede a Deus por uma solução em suas vidas, mas que só recebem desgraça. Se maldizem que nasceram para sofrer e que nada em suas vidas dá certo.

Essas pessoas não sabem que suas vidas são reflexos de seus pensamentos. E não sabem porque foram "forçadas" a não acreditar nisso. Desde o seu nascimento até a vida adulta o ser humano é bombardeado por crenças já a muito enraizadas em seus familiares e que se arrastam por várias gerações.

As crenças adquirimos através da sociedade, dos amigos pessoais, dos amigos de trabalho e principalmente pela mídia que também reforça esse modo de pensar limitador.

Nesse período a ciência vem evoluindo de forma cada vez mais acelerada e as novas descobertas são a cada dia mais impactantes. Quem diria que um dia seríamos capazes de criar um outro ser vivo dentro de um laboratório? Os clones hoje já são coisas do passado. Tiveram suas expectativas censuradas pelo poder religioso e "ético" do mundo.

A Inteligência Artificial – IA, vem a cada dia nos proporcionando maiores surpresas e nos dando uma maior interação com as máquinas. Chega a nos causar espanto quando conversamos com programas de computadores que nos dizem tudo o que precisamos e podem até adivinhar quais os nossos desejos. As casas com automação integral que nos digam.

Os computadores quânticos já são uma realidade. Utilizam do entrelaçamento entre partículas para proporcionar uma maior velocidade de comunicação entre dois pontos e aumentar a segurança em criptografia das informações transmitidas.

Com tanta tecnologia ao nosso entorno, como ainda podemos ter a capacidade de acreditar que o homem é capaz de obter conhecimento apenas pelas leituras e pesquisas cotidianas. Não seria possível acessar um conhecimento universal? Não seria possível termos uma comunicação não formal através de nossas "redes" cerebrais?

O que você acha que poderia acontecer se a partir do momento que entendermos a VERDADE, e percebemos que temos uma capacidade de resolução de nossas tarefas, obrigações e desafios de forma bem mais fácil e eficaz? O mundo não passaria por uma grande transformação ou uma nova revolução? Não uma revolução das máquinas ou da tecnologia, mas uma revolução do conhecimento e da percepção de que somos organismos vivos muito maiores e possuidores da mais avançada maravilha que Deus já pode criar.

É interessante percebermos em nossas vidas alguns fatos ou acontecimentos que não damos atenção porque já viraram cotidiano, mas se pararmos para perguntar o porquê, qual seria sua resposta? Se não, vejamos.

Uma pessoa decide que quer comprar um carro novo. Simplesmente ao ter esse desejo normalmente ela começa a buscar pelo carro de sua preferência. Vai atrás de detalhes que te chamam a atenção e atendem aos seus desejos. Pode ser um carro com espaço para toda família, ou um de maior potência. Pode ser aquele com alta tecnologia, a cor predileta ou detalhes externos e internos que te chamam a atenção.

Feito isso o futuro comprador tende a ir numa concessionária ou buscar nos aplicativos de busca pelo veículo imaginado e desejado. Pronto você já chegou onde eu queria.

Por "coincidência" a partir daquela decisão de comprar o carro e detalhado seus desejos com relação a ele, você naturalmente passa a ver na rua, no seu dia a dia., carros com aquelas características e até mesmo da mesma marca e cor. Interessante, não?

E o que falar daquela pessoa que a muito tempo você não via. Aquele amigo ou amiga de infância que era seu companheiro ou companheira para toda obra? Você fica imaginando como eram bons aqueles tempos e os momentos de diversões que curtiram juntos. Cada lembrança te traz um sentimento de alegria, amor e tranquilidade.

E AGORA?

E aí o que acontece? Justamente esse seu amigo ou amiga te passa uma mensagem no telefone ou curte uma foto sua nas redes sociais.

Quer mais um exemplo interessante? Quem já não ouviu falar daquela pessoa que é indesejada, aquela que só critica tudo e reclama, até da própria sombra e chega na casa de alguém de surpresa. Nessa casa bem na entrada possui um vaso de flores lindíssimo e muito bem cuidado. Porém, após aquela visita ir embora as flores parecem murcharem e perderem seu esplendor? Será que as plantas são capazes de sentir aquela energia ruim? Será que as plantas são sensitivas?

Meus queridos leitores, esses são pequenos exemplos do nosso cotidiano, que não tem a ver diretamente com as tecnologias atuais, da qual não sabemos que pode haver física quântica envolvida e que não damos conta que pode existir algo bem maior em nossas vidas e que não somos educados a questionar. Nós apenas aceitamos.

Esse livro tem a intensão de desmistificar esses mitos ou contos e correlaciona-los à experiências da física quântica e de pensamentos filosóficos e parábolas bíblicas que falam da mesma coisa.

O importante é podermos sair da nossa zona de conforto e termos o conhecimento de que somos capazes de criarmos a nossa realidade. Ter o conhecimento desse fato pode ser muito libertador, mas também vai te trazer uma responsabilidade muito grande, pois a partir do conhecimento da

VERDADE você será cobrado por você mesmo das atitudes e pensamento que deverá ter para conseguir o que quer.

Quando não temos esse conhecimento podemos colocar a culpa na vida, no outro ou no destino.

Se você está a fim de sair dessa vida de aceitação e ser o gestor de suas realizações, eu te convido a adentrar nas próximas páginas e juntamente comigo questionar alguns fatos interessantes que poderão abrir os olhos de muita gente e trazer mais prosperidade para todos, seja emocional, espiritual, na saúde ou material.

O QUE EU TENHO A VER COM A FÍSICA QUÂNTICA

E AGORA?

Bom, começaremos esse capítulo dizendo que a princípio tudo na física quântica tem uma relação intrínseca com o ser humano.

Desde muito tempo, como já falamos em nosso primeiro encontro no livro A VIDA É BEM MAIS ALÉM DO QUE ISSO, somos conhecedores de vários experimentos físicos que nos comprovam vários fenômenos altamente intrigantes.

Porém esse conhecimento, devido incialmente a sua complexidade de entendimento, não é compartilhado com todos, mas se buscarmos na literatura científica e continuarmos fazendo a correlação com fatos do cotidiano, vamos entender muita coisa.

Acredito que atualmente muita gente se aproveita de alguns conceitos físicos, filosóficos ou religiosos para tomar proveito da fragilidade do conhecimento de boa parte da população, e note-se aqui que essa falta de conhecimento é intencional, e por conta desse processo a cultura do conhecimento se torna cada vez mais elitista e cada vez mais desagregadora, transformando os "menores" em maioria e os "maiores" em minoria.

O que quero dizer com isso. Cada vez mais a elite mundial, seja ela formada por cientistas, pesquisadores, governantes ou grandes empresários e conglomerados mundiais, possuem uma maior entrada na evolução da tecnologia e conhecimento de novas ferramentas e informações, enquanto que 98% da população mundial torna-se mão de obra braçal para criação de riqueza desses grupos.

E AGORA?

Não estou aqui de forma alguma querendo politizar, levantar bandeira ou condenar o *"modus operandi"* do mundo atual, mas acredito que se a população mundial entender suas reais capacidades poderemos ter uma evolução exponencial do conhecimento e por consequente a diminuição de tantos problemas que enfrentamos atualmente.

Nesse sentido quero colocar aqui alguns experimentos, relatos e observações feitas por vários cientistas ao redor do mundo que infelizmente não chegam a toda a população mundial, e não estou falando aqui apenas da população de baixa renda, pois a falta da disseminação desse conhecimento afeta países pobres e ricos, indistintamente, apenas para que o "sistema" possa permanecer inalterado.

Reforço aqui que os parágrafos anteriores não foram criados para levantar qualquer bandeira política, mas sim humanitária. Independentemente de onde vivemos, temos o direito de entender o que se passa dentro dos laboratórios de pesquisa e o que isso pode nos trazer de conhecimento e melhoria de vida.

Quando não paramos pra pensar no que somos capazes ou no que a natureza humana é capaz de realizar, perdemos uma preciosa oportunidade de evoluir.

Primeiramente precisamos ter o conhecimento de alguns fatos relacionados com a física quântica.

E AGORA?

A física quântica é a física das probabilidades, ou seja, é diferente da física clássica de Newton que lida com os objetos materiais, reais e palpáveis.

A probabilidade a que nos referimos é relativo ao posicionamento do elétron no espaço. De acordo com a equação de Schrödinger, a função de onda determina a maior probabilidade onde o elétron poderá aparecer no espaço. Sabe-se hoje que o local de maior energia possui a maior probabilidade de que isso aconteça. Veremos isso com mais detalhe logo adiante.

Logo podemos considerar que tudo, inclusive a matéria visível, quando analisada em suas escalas microscópicas também é regida pela lei da probabilidade, conforme a interpretação de Copenhague[1].

Enquanto o estado exato de uma partícula quântica não é medido, ele é considerado indeterminado. Somente depois de medido, o estado da partícula será determinado e todas as medidas subsequentes da partícula terão o mesmo resultado.

A quântica vai lidar com as coisas de tamanhos em escala de nanômetros, e nessa escala de tamanho a matéria tem sua dualidade, tendo uma forma ondular e corpuscular, dependendo de como a observamos ou como temos a intensão de como ela se comporte.

---

[1] Consultar em:
https://pt.wikipedia.org/wiki/Interpreta%C3%A7%C3%A3o_de_Copenhaga

Temos que estar preparados para quebra paradigmas do padrão de pensamento humano e entender como funciona o divino e também entender que somos livres para criar novas realidades. Assim podemos identificar o que significa o livre arbítrio.

Esses são fragmentos de textos que faço questão de colocar aqui para já introduzir alguns conceitos e tentar produzir em vocês uma curiosidade para ler o que virá em seguida.

Não é necessário que o leitor tenha alguma capacidade de entendimento especial, não precisa ser um físico ou um pesquisador. Basta apenas estar aberto a novas possibilidades e disposto a tentar pensar diferente do que sempre pensou ultimamente. Isso poderá te trazer algum desconforto quanto for de frente com crenças que você acredita. Crenças essas que você talvez nem saiba que as tenha.

Aqui detalharemos como funciona cada princípio quântico e como ele está relacionado com nosso cotidiano.

Você já se perguntou porque continuamos executando as mesmas tarefas diariamente? Porque continuamos criando a mesma realidade? Porque continuamos na busca do mesmo emprego constantemente ou tendo sempre os mesmos tipos de relacionamentos, atraindo sempre as pessoas de mesma personalidade?

Se temos um mar de probabilidades de coisas diferentes que poderiam acontecer, porque para nós tudo se repete em sua grande maioria?

Será que não temos poder sobre esses fatos ou fomos educados e condicionados a acreditar que o mundo externo ou visível aos nossos olhos é mais real que o mundo microscópico e por esse motivo não temos a capacidade de manifestar nossos desejos sobre eles?

Será que o que acontece dentro de nós não tem influência sobre o que acontece fora de nós?

Nosso organismo é algo isolado do universo e de todos os fatos que acontecem em nosso entorno?

Veremos isso e muito mais a partir de agora.

Iniciaremos todo esse trabalho falando um pouco mais das teorias quânticas, de mais alguns experimentos extraordinários que te levarão a entender mais a correlação desses fatos com o nosso dia a dia.

E AGORA?

E AGORA?

QUANTUM

E AGORA?

E AGORA?

Para iniciar a leitura deste livro e entendermos os conceitos quânticos e correlações com nosso dia a dia, primeiramente precisamos definir e explicar o que é o Quantum, da qual deu origem ao termo Física Quântica.

[2]A palavra quantum, advinda do adjetivo interrogativo "quantus" do latim (em português, "quanto") foi empregada como "quanta" referente à eletricidade por Philipp Lenard em um artigo sobre o efeito fotoelétrico. Entretanto, o físico alemão deu os créditos da palavra a Hermann von Helmholtz por este ser um dos primeiros assim como Julius von Mayer em seus trabalhos sobre a formulação da primeira lei da termodinâmica, a utilizá-la na física como referência a calor. Foi somente a partir do trabalho dos termos "quanta de matéria e eletricidade" serem utilizados por Max Planck em seus trabalhos sobre a radiação de corpo negro, publicado entre 1900 e 1901, que o termo passou a ser largamente empregado na física.

Em 1905, em resposta tanto aos trabalhos teóricos de Max Planck, quanto aos trabalhos experimentais de Lenard, Albert Einstein sugere que a radiação existiria em forma de pacotes espacialmente localizados, chamados por ele de "quanta de luz", também conhecido como fóton. O conceito de "quantização" da radiação foi descoberto por Max Planck, numa tentativa de entender a radiação emitida por objetos aquecidos, conhecida como radiação de corpo negro.

---

[2] Consultar em: https://pt.wikipedia.org/wiki/Quantum

Ao se assumir que a energia possa ser absorvida ou emitida apenas em pacotes diferenciais, denominados por ele de "agrupamentos" ou "elementos de energia", Planck levou em consideração que alguns objetos quando aquecidos mudam de cor. Em 14 de dezembro de 1900, Planck relata suas descobertas a Sociedade Alemã de Física, introduzindo a ideia de quantização pela primeira vez associada aos seus estudos sobre a radiação de corpo negro. Quanto aos resultados de seus experimentos, Planck deduziu valores numéricos de h, conhecido como constante de Planck, valores mais precisos para a unidade de carga elétrica e para a constante de Avogadro-Loschmidt. As teorias de Planck, após terem sido validadas suas descobertas, renderam a ele o Prêmio Nobel de Física de 1918.

Passado esse conceito técnico, podemos determinar que o quantum é a menor parte te todas as coisas, e quando falamos de energia, o quantum de energia é a menor porção de energia da natureza. Nessas dimensões podendo chamar essa porção de energia como sendo a essência de todas as coisas, pois tudo o que somos capazes de visualizar, de tocar e que podemos interagir no mundo físico é formado de quantum. As plantas, a água, o fogo, os minerais, nossos órgãos são todos formados dessa menor partícula de energia.

Quando estamos trabalhando na medida do quantum, a realidade passa a ser misteriosa, pois as coisas aparecem e desaparecem sem motivos, não existe tempo nem espaço. É como se nada existisse e sim, tendessem a existir.

E AGORA?

Isso quer dizer que o quantum tem uma característica indeterminista, ele só existe quando há um observador, quando há uma interação de uma consciência com ele e quando acaba essa interação ele desaparece e volta ao "nada".

Podemos então dizer que as condições presentes não determinam o futuro do quantum, pois ele pode aparecer e desaparecer em qualquer lugar e em qualquer tempo.

Mas isso não quer dizer que o quantum não tenha relação conosco. Muito pelo contrário. Como já falamos aqui, todas as coisas do mundo visível são formadas por partículas quânticas e estas interagem diretamente conosco, como veremos mais adiante.

A partir do momento em que nós temos um conhecimento profundo da quântica e passamos a ter pensamentos quânticos, atitudes quânticas e tomamos ações quânticas no nosso dia a dia, nós estamos interagindo com o quantum e tomamos posse de sua fenomenologia[3].

Igualmente ao que acontece com o quantum, pois tudo e todos é formado em sua essência por eles, o nosso presente também não determina o nosso futuro. Existe um ditado que diz: - O futuro a Deus pertence. Existe um conhecimento empírico de nossos pais, avós e ascendentes que trazem em suas culturas, dizeres que corroboram com todo esse conhecimento quântico.

---

[3] no pensamento setecentista, descrição filosófica dos fenômenos, em sua natureza aparente e ilusória, manifestados na experiência aos sentidos humanos e à consciência imediata.

Na filosofia o termo essência designa o ser, a consistência ou a eqüididade de um ente, considerado independentemente da sua existência. Dizer o que é uma coisa é declarar a sua essência.

Na filosofia grega até Platão, a essência - eidos - tem a conotação peculiar daquilo que, numa coisa, é permanente e central, em oposição ao transitório e acidental. Para Platão, a verdadeira realidade está na essência, na forma pura da coisa, subtraída à tela aparente da existência. Com Aristóteles, essência designa apenas a definição de uma substância, que é, esta sim, a realidade verdadeira: o real existe apenas sob a forma das substâncias individuais, ou entes singulares: este homem, este cavalo, estes cosmos, este Deus. As espécies - coleções de substâncias que têm logicamente a mesma essência - não são irreais, mas constituem uma forma deficiente, ou derivada, de realidade, a "substância segunda".

Quando você conhece uma coisa você possui a sua essência, e possuir a essência das coisas é ter o domínio sobre elas.

Interagindo com seus pensamentos, seus projetos ou seus desejos, você está interagindo com a essência das coisas e, portanto, terá domínio sobre elas.

Assim, com o aprofundamento do estudo do quantum, podemos dizer que isso foi a determinação, a introdução ou a porta de entrada da metafísica[4] no ambiente de estudo da física clássica.

E AGORA?

---

⁴ no aristotelismo, subdivisão fundamental da filosofia, caracterizada pela investigação das realidades que transcendem a experiência sensível, capaz de fornecer um fundamento a todas as ciências particulares, por meio da reflexão a respeito da natureza primacial do ser; filosofia primeira.

E AGORA?

E AGORA?

PRINCÍPIO DA COMPLEMENTARIDADE

E AGORA?

E AGORA?

O princípio da complementaridade foi enunciado por Niels Born em 1928. Para Born as características de onda e partícula são complementares e nunca se manifestam simultaneamente, ou seja, quando fazemos um experimento com um objeto quântico e determinamos sua característica ondulatória, necessariamente ele não terá nenhuma característica corpuscular, e vice e versa. Isso podemos observar no exemplo da Fenda Dupla, pois assim que temos um observador, um aparelho de medição e conseguimos determinar a qual trajetória o elétron assumiu (característica típico das partículas) o padrão de interferência de onda (característica típica das ondas) deixa de existir.

O quantum tem uma natureza ondulatória, não física, e uma natureza corpuscular, física. Muito interessante e difícil de conseguir aceitar devido aos nossos paradigmas. Quando passamos a entender e interiorizar essa descoberta física e considerarmos uma "nova" VERDADE, podemos claramente entender o que tantos filósofos e seres de maior conhecimento evoluído (Ghandi, Buda, etc...) falam dos vários mundos. Nós e todas as coisas vivemos em dois mundos paralelos, o mundo ondulatório quântico e o mundo corpuscular da matéria.

Com isso percebemos que a atuação do observador altera a característica ondulatória do elétron, ou seja, o observador adquiriu um papel "ativo", diferentemente da mecânica clássica onde uma pessoa que realize um experimento não interfere com o objeto de medida. Um exemplo disso é a observação e estudo das estrelas ou do espaço. Seus movimentos não são afetados pela ação de observar.

Na mecânica quântica a medição destrói a característica da onda, causando o "colapso da função de onda". Isso nos informa que o simples ato de observar tem como consequência a alteração do estado da partícula, mudando de ondulatório para corpuscular, e nos traz a anulação da distinção entre observador e observado. Pela ação do observador, esta pessoa passa a fazer parte do sistema físico.

Nesse momento deixamos de se apenas um observador, de sermos servidores para sermos participantes da vida. Isso nos leva a ver que deixamos de meramente estar de passagem, mas de criarmos nossa vida.

Ao sentir isso, passamos da visão de apenas desconfiarmos que estamos só experimentando seja lá o que for da vida para a perspectiva de sabermos que somos parte de tudo isso.

O que isso tem a ver com o nosso dia a dia e a nossa vida?

O que aprendemos com esse experimento é que o que faz com que as coisas realmente aconteçam não são as coisas visíveis e mensuráveis, mas sim as invisíveis ou psíquicas. Por assim se pode dizer, são as coisas intangíveis.

Quando realizamos algo, outras coisas acontecem. O intangível quântico. As coisas ocultas decidem nosso sucesso ou insucesso. E nunca pensamos isso porque não temos o conhecimento quântico.

Partindo do pressuposto das duas realidades do quantum, podemos nos questionar sobre os fatos que acontecem na nossa vida sem sabermos o porquê. Seria uma outra realidade que acontece em paralelo e que não constavam em nosso planejamento inicial? Por exemplo, aquele dinheiro imprevisto, a cura inesperada, a realização de algo quando você já está sem esperanças.

Temos o direito de ter esperança. Sempre pode acontecer algo em cima da hora. O mundo quântico pode nos dar um mar de "milagres"

Somos manipulados desde o nosso nascimento a apenas acreditar naquilo que podemos ver, tocar, cheirar. Porém o mundo que rege todas as coisas é o mundo ondulatório, pois ele é a essência de todas as coisas.

Sabemos que nossa origem, e quando falo nossa estou falando de tudo que há no universo, tem início num único ponto que seria o famoso Big Bang. Portanto a partir do momento que consideramos que temos todos a mesma origem, e que tudo é formado em sua essência pelo estado ondulatório das partículas, podemos então concluir que deixamos de ser "coisas" separadas e passamos a estar todos interligados.

Essa interligação veremos quando falarmos de correlação quântica.

E AGORA?

Mas, voltando a questão da ação do observador na dualidade da partícula. Quando foi feito o experimento da dupla fenda, o simples ato do pesquisador pensar em montar um equipamento que medisse o caminho a ser percorrido pela partícula através das fendas, já ocasionou o colapso da onda, transformando-a em corpuscular. Perceba que apenas a intenção de medir já afetou a partícula. É como se esta soubesse ou entendesse a intenção do cientista e se comportasse como tal.

E mais intrigante ainda, nesse mesmo experimento, mesmo após a partícula ter passado pela fenda em sua forma corpuscular, se o observador quisesse analisar ela como onda, a mesma voltaria a se comportar como onda. É como se ela, após ter passado pela fenda, voltasse no tempo, passasse novamente na fenda, mas agora como onda.

Como poderia a partícula desaparecer e reaparecer momentos antes e se comportar como onda após ter sido vista e medida como partícula? Onde ela esteve nesse desaparecimento e ressurgimento? E como ela voltou no tempo? Percebem que o mundo quântico é um mundo novo para todos nós?

Toda ciência evolui durante o tempo, pois novas tecnologias são criadas a partir de novas descobertas. É um processo contínuo de evolução do conhecimento e o que sabíamos sobre a relatividade de Newton hoje poderá ser reavaliada ou complementada com os novos conhecimentos da física quântica. É natural que isso aconteça. Porém muitas consequências serão trazidas e há muita coisa envolvida nesse mundo material que vivemos. Ou você acha que não?

Outro assunto interessante com relação ao quantum. Sabemos que na natureza toda matéria é anulada por sua antimatéria. Os prótons possuem os antiprótons com as mesmas características, porém com carga contrária. Os elétrons possuem os pósitrons da mesma forma com carga contrária.

Quando duas dessas partículas se encontram, se anulam imediatamente havendo liberação de energia. Por isso os cientistas já comprovam que o vácuo quântico é um espaço repleto de energia e lá é onde surgem as partículas.

No início de tudo, quando houve o Big Bang, o normal era que na explosão toda a matéria fosse anulada por sua antimatéria, pois isso é o princípio da natureza. Acontece que parte dessa matéria não foi anulada e surgiu assim o universo.

O que você acha que é capaz de manifestar o colapso de uma onda? A mente de um observador. Se temos várias ondas elétrica originárias da anulação de matéria e antimatéria no início de tudo, quem poderia transformar essas ondas em matéria e criar o universo? Obviamente uma mente criadora, com a intensão de criar o que hoje somos capazes de enxergar.

O leitor tem que sair do paradigma da sociedade mundial de só acreditar naquilo que pode ver. A matéria não é solida como pensamos e não é inerte como imaginamos. Ela é formada pela mesma essência que existe em nós. Pelos quantuns. Mude a forma de ver o mundo e acredite que a VERDADE está naquilo que não vemos, e que a ciência já comprovou diversas vezes que essa é a "nova" vida que passaremos a viver.

E AGORA?

PLATÃO E O MUNDO DAS IDÉIAS[5]

---
[5] Para maiores informações consultar o texto em
http://www.acervofilosofico.com.br/platao-e-o-mundo-das-ideias

E AGORA?

Platão foi um filósofo que dedicou-se ao estudo de diversas áreas. Seus diálogos abordam diversos temas, tal como epistemologia, política, estética, ética, metafísica, entre outros. Este texto possui um foco particular, que é apresentar as principais características do Mundo das Ideias, que é um dos principais pilares da filosofia platônica.

Primeiramente, é importante esclarecer que este tema é tratado em mais de um diálogo platônico e consiste, como já mencionado acima, em um dos principais fundamentos da totalidade do pensamento do filósofo. Para entender as razões que possivelmente motivaram Platão a desenvolver esta parte de sua filosofia, precisamos resgatar alguns aspectos do pensamento pré-socrático, tendo como enfoque, especialmente duas propostas feitas por dois pensadores específicos que antecederam Platão: Heráclito e Parmênides. De maneira simplificada, podemos dizer que o primeiro, em suas tentativas de buscar elementos que explicassem a natureza, entendeu e afirmou que a realidade que o cercava era aparente, ou seja, estava em constante transformação (*devir*). Em oposição, Parmênides assegurou que a realidade não se altera e negou a ideia de movimento contínuo da natureza.

O Mundo das Ideias parece surgir para Platão como uma proposta reflexiva que sintetiza estas oposições anteriores. Platão compreende que existem dois planos distintos: um deles é estável, o outro instável. O que o filósofo chamou de Mundo das Ideias é imutável, eterno e real, e opõe-se ao Mundo Sensível, em que os objetos são passageiros, caracterizados pela mutabilidade e ilusórios. Este último é o mundo das aparências, das cópias imperfeitas daquilo que se encontra no Mundo das Ideias que, por sua vez, é o mundo da *Episteme* (verdades) e o Mundo Sensível o mundo traçado pela *doxa* (opinião), através do qual, portanto, não se atinge a verdade. Isto significa que no primeiro mundo as coisas existem em sua essência e como absolutas, enquanto que no segundo, apenas existem de maneira aparente, não como realmente são em si. O Mundo Sensível é o mundo que apreendemos, que sentimos e que vivemos. Neste plano existem apenas cópias das formas verdadeiras que encontram-se no Mundo das Ideias. É relevante citar que para Platão, a razão (*logos*) é o instrumento que possibilita o conhecimento das verdades eternas que encontram-se no referido mundo perfeito, pois através do exercício intelectual, o homem pode relembrar verdades que já encontram-se em seu íntimo e que foram anteriormente assimiladas pela alma no Mundo das Ideias.

As aparências que moldam o Mundo Sensível teriam sido criadas por um ser superior chamado de Demiurgo (que seria um artesão). Este ser, teria montado um mundo imperfeito que copia as formas perfeitas e, assim, as essências existentes neste plano ideal proposto por Platão possuem a forma primordial da qual se originam as coisas que o homem conhece através da realidade sensível. Ou seja, há uma forma da qual tudo se origina. Por exemplo, pensemos numa caneta: por mais que haja uma variedade de modelos deste mesmo objeto, ainda assim, existe uma "ideia primordial" básica do que ela é, quer dizer, há uma ideia geral e universal de caneta. Vamos considerar agora um outro exemplo: Uma cadeira. Ela pode mudar o formato (redonda, quadrada, 3 ou 4 pés), mas a ideia cadeira sempre será a mesma: um objeto para sentar. Só podemos alcançar essa realidade por meio da nossa razão. No Mundo das Ideias, há um modelo ideal desta cadeira, todos as cadeiras que fazem parte do mundo sensível, são cópias imperfeitas do modelo ideal e perfeito.

Para ilustrar a questão do Mundo das Ideias e do Mundo Sensível, Platão utilizou-se de uma alegoria que se tornou conhecida como "Alegoria da Caverna" ou "Mundo da Caverna". Neste texto metafórico, conta que havia uma caverna na qual muitos prisioneiros, desde seus nascimentos, lá viviam acorrentados. Viam sempre sombras projetadas nas paredes que eram formadas pela luz de uma fogueira, e acreditavam que as imagens que elas formavam era a realidade. Mas supõe-se que um dos homens da caverna consegue escapar daquele local, e sair de tal ambiente. Quando chega ao mundo externo, a verdadeira luz quase o cega. Seus olhos doem, mas ele se adapta. Logo percebe que sempre viveu acorrentado numa ilusão que acredita ser uma verdade absoluta. Lá fora, ele vê os verdadeiros seres cujas imagens projetavam-se de maneira distorcida no interior da caverna. Ele decide voltar e partilhar seu conhecimento com os outros homens que ainda estão acorrentados. No entanto, estes homens zombam dele e não acreditam em seu relato. Suponha que a caverna seja esta dimensão em que vivemos e que, muitas vezes julgamos ser a realidade (Mundo Sensível). Em contraponto a este plano de distorções e de sombras, existe uma realidade em si com objetos reais tal como o são verdadeiramente. Este seria o Mundo das Ideias. Ressalte-se que o Mito da Caverna possui outras interpretações além desta que foi exposta, mas certamente, apesar de tais divergências interpretativas, simboliza muito claramente a base da Teoria das Ideias.

Resumindo, para Platão em suas reflexões, ele compreende que existem dois planos distintos: o plano estável e o plano instável, ou seja, existe o mundo das ideias onde tudo é eterno, real e imutável e o Mundo Sensível onde é flexível, passageiros e ilusórios.

Em outras palavras podemos dizer que para Platão existe um mundo onde tudo já existe e de forma perfeita e o mundo em que vivemos é o mundo das sombras imperfeitas do mundo perfeito, criado através da nossa imaginação. Se somos capazes de imaginar algo, é porque isso já existe no mundo das ideias e você apenas está acessando esse conhecimento e trazendo sua projeção para o mundo Sensível, o nosso mundo.

Quando lemos esse grande filósofo e seus questionamentos e pensamentos, percebemos como a filosofia está diretamente ligada a realidade quântica, que hoje temos conhecimento e que à época, apesar de não haver as comprovações físicas de hoje, já era uma realidade.

E AGORA?

No mundo quântico, sabemos que o "nada" é formado de matéria e a antimatéria[6], então, existe ali uma concentração enorme de energia, a forma perfeita e o mundo perfeito e real.

Perceberam a relação da materialização e o mundo das ideias de Platão?

Quando trazemos às pessoas um novo entendimento, através de pessoas que conseguiram se libertar das amarras da vida e conseguiram ter uma nova visão da caverna, a primeira reação das pessoas que ainda continuam nas amarras é justamente a negação e a zombaria com relação ao que se escuta.

É necessário que as pessoas entendam que a premissa verdadeira de tudo é a dualidade da partícula. Entender que o mundo da matéria está todo constituído de ondas é fundamental para se iniciar o estudo de toda a física quântica e suas relações com os fatos e acontecimentos do dia a dia.

Muitos falam do filme da Matrix onde o personagem é colocado de frente para uma escolha crucial na sua vida. Tomar a pílula azul ou a pílula vermelha. Ele tem que escolher em continuar vivendo dentro da Matrix, ou seja, da realidade Sensível ou abrir a mente e conhecer o mundo verdadeiro, mas que para isso terá suas consequências.

Esse filme é uma representação perfeita do que estamos colocando aqui nesse livro. Temos o livre arbítrio de fazer nossas escolhas. Você quer tomar a pílula azul e permanecer no mundo

---

[6] Veja no meu livro A VIDA É BEM MAIS ALÉM DO QUE um pouco mais sobre o assunto de matéria e antimatéria

sensível, na projeção das sombras na parede da caverna ou você prefere abrir sua mente e entrar numa nova dimensão na sua vida mesmo tendo que enfrentar todas as consequências que ela pode te trazer?

Garanto que a partir do momento que você tomar a decisão de se abrir para o novo, sua vida vai mudar radicalmente.

Tome a decisão correta!!

FUNÇÃO DE ONDA e COLAPSO DA FUNÇÃO DE ONDA

E AGORA?

E AGORA?

Em 1923, o físico francês Louis Victor Pierre Raymond – Louis de Broglie - postulou o comportamento ondulatório da matéria: "Em virtude de os fótons terem características ondulatórias e corpusculares, talvez todas as formas de matéria tenham propriedades ondulatórias e também corpusculares."

Com a comprovação experimental da natureza ondulatória das partículas, e estabelecido o seu comprimento de onda, o próximo passo foi descobrir qual grandeza física está associada à onda de matéria. Nenhuma grandeza física conhecida explica a natureza dessas ondas, então foi utilizada a letra grega Ψ(psi) para designar a função de onda da matéria.

Em 1926, Erwin Schrödinger descobriu uma equação que permite encontrar a função de onda de uma partícula, a partir do conhecimento da energia potencial à qual essa partícula está submetida.

Entretanto foi Max Born que, em 1928, descobriu a relação entre a função de onda e a probabilidade de se encontrar a partícula numa determinada posição.

Com esta última descoberta, a Física Quântica mostra que a natureza possui um comportamento estatístico, indeterminista, sendo descrita por uma função que representa a probabilidade.

Einstein não concordava muito com essa idéia. Em certo momento falou: - "Deus não joga dados com o Universo".

Entretanto os resultados experimentais dão o veredicto a favor da formulação quântica.

Então resumindo, estamos diante de duas físicas. A física clássica que estuda uma coisa e a física quântica que estuda o "nada", ou seja, a função de onda de Schrodinger.

A função de onda tem a natureza matemática, essa função foi criada através da consciência de um físico, na mente de um físico. Ela representa a maior probabilidade de se encontrar uma partícula no espaço. Ela só deixa de existir quando essa partícula é observada e passa a existir corpuscularmente.

Nossos pensamentos, projetos, planos e desejos também são de natureza mental, psíquica, logo também possuem uma função de onda e que pode ser materializada.

O momento em que a partícula deixa de ter sua característica ondulatória e passa a se comportar no meio físico, como matéria, chamamos de colapso da função de onda. Nesse momento a função de onda de Schrödinger que representava apenas uma probabilidade deixa de fazer sentido pois a partícula agora se materializou.

Isso foi comprovado pelo experimento da Fenda Dupla. Se um próton, nêutron ou elétron ainda em sua forma ondulatória é observado por um interferômetro de Mach-Zehnder ou um contador Geiger, ele se materializa.

E AGORA?

No momento em que há uma interação do cientista através dos aparelhos com relação as partículas ondulatórias, estas se materializam. É como se aquela matéria saísse da realidade quântica, do emaranhamento quântico, do mundo das ideias de Platão e vem para o mundo real. Para o mundo onde o tempo e espaço existem. Vem para o nosso mundo visível.

O primeiro experimento feito da Fenda Dupla foi executado apenas com uma partícula, porém o conceito quântico da sobreposição de moléculas foi submetido a um estudo numa escala nunca tentada antes.

Cientistas da Universidade de Viena, na Áustria, em colaboração com cientistas da Universidade da Basiléia, na Suíça fizeram um experimento com moléculas quentes e complexas, compostas por quase dois mil átomos. Eles foram colocados no estado de sobreposição quântica, e apresentaram sinais de que experimentaram interferência.

Esse efeito foi demonstrado em fótons, elétrons, nêutrons, átomos e até agora com moléculas, e levanta uma questão que intriga físicos e filósofos desde os primeiros experimentos obre mecânica quântica: qual é a fronteira em que esses estranhos efeitos quânticos transitam para o mundo clássico, com o qual todos nós estamos acostumados?

Uma medida chamada "grau de macroscopicidade" é usada para classificar quão bem modelos alternativos são descartados por esses estudos, e os experimentos publicados na

Nature Physics de fato representam um aumento de uma ordem de magnitude no grau de macroscopicidade.

- "Nossos experimentos mostram que a mecânica quântica, com toda a sua estranheza, também é incrivelmente robusta, e estou otimista de que experimentos futuros testem-na em uma escala ainda mais massiva", diz Yaakov Y. Fein, autor principal.[7]

Falamos anteriormente que esse experimento foi a porta de entrada para que os físicos mais conservadores iniciassem uma aceitação da entrada da metafísica em nosso cotidiano. Isso quer dizer que agora muitos físicos antes céticos concordam que a consciência faz parte da nossa realidade. Tudo isso por conta do colapso da função de onda, onde o nada (natureza ondulatória das partículas) se materializa (natureza corpuscular da partícula). A essência da matéria é conhecida.

Se pensarmos um pouco mais, vamos perceber duas coisas muito importantes e que mudarão a forma como você vai viver a sua vida e é a base da VERDADE que tanto falo. A nossa mente ou a nossa consciência tem o poder de materializar um objeto quântico. Temos o poder sobre a natureza das coisas, sobre a essência de tudo, e ao mesmo tempo essa natureza, essa essência estão subordinadas as nossas consciências, a nossa mente. Pelo simples fato de observar, o cientista determina se

---

[7] Artigo: Quantum superposition of molecules beyond 25 kDa
Autores: Yaakov Y. Fein, Philipp Geyer, Patrick Zwick, Filip Kialka, Sebastian Pedalino, Marcel Mayor, Stefan Gerlich, Markus Arndt
Revista: Nature Physics
DOI: 10.1038/s41567-019-0663-9

quer que o elétron se comporte como onda ou como partícula, e esta, também tem uma consciência, pois interpreta a vontade do cientista e se comporta conforme o desejo dele.

Em nosso mundo real, é obvio que não iremos materializar a coisas física na nossa frente como uma impressora 3D faz hoje em dia. Em nosso cotidiano o que podemos materializar são as nossas funções de onda, os nossos desejos, os nossos projetos, as curas, as superações, as vontades mais verdadeiras que podemos ter em nossas vidas.

Ao nos focarmos, observarmos os nossos desejos, todas as condições necessárias para que o seu desejo se materialize irão colapsar em seu favor. Se você quer um emprego novo, alguém vai estar precisando de um funcionário com o seu perfil e esse emprego vai chegar até você.

Você quer uma casa nova? Com toda a certeza algum corretor está querendo vender uma casa com as condições que você pode pagar. Um terreno está esperando para ser vendido e ter uma casa sendo construída.

É assim que funciona a materialização no mundo real.

Lembre-se: não é porque temos o que temos no presente que repetiremos no futuro. Nós temos o poder de cocriar a nossa realidade. Se somos pobres hoje, nada nos impede de termos abundância no futuro. Se hoje temos algum problema de saúde, nada nos impede de termos a cura. Se hoje não temos o emprego desejado ou o amor da nossa vida ao nosso lado, se tivemos decepções no passado, nada nos impede de termos uma vida melhor a partir de agora. Só depende de colapsarmos nossas funções de onda.

Na física existe um princípio chamado Princípio da Simetria. Esse princípio fala que as leis que regem a microrealidade também regem a macrorealidade. Essa compreensão da microrealidade pode também atuar na realidade humana, como nos casos de fenômenos paranormais de clarividência, mediunidade e outros.

Sabendo de tudo isso, não podemos fazer uso de nossas crenças para vivermos nossa vida sem plenitude, pois vivemos num mundo das possibilidades, das diversas possibilidades quânticas.

Vou falar uma coisa aqui que talvez muita gente não concorde, mas é um ponto de vista que adoto. Nós somos a nossa consciência e somos imagem e semelhança de Deus. Portanto acredito que Deus seja a consciência suprema, o conhecimento de todas as coisas e a nossa consciência é parte desse todo.

Por isso estamos ligados ao todo e por isso Deus é onisciente e onipresente, pois está em todos nós e sabe de tudo.

> Se formos infiéis, ele permanece fiel; não pode negar-se à si mesmo.

E AGORA?

2 timóteo 2:13

Na passagem acima entendo que Ele não poder negar-se a si mesmo é justamente porque Ele está em nós e nós estamos Nele, e somos Ele. O livre arbítrio nos deixa pensarmos no que quisermos e justamente por conta disso que Ele irá executar assim mesmo, independentemente do que pensamos. Tudo será colapsado. Sejam pensamentos bons ou ruins. Por isso que um dos grandes vilões da humanidade é o medo. O medo de que algo aconteça, inevitavelmente acontecerá, porque é essa onda que está sendo emitida e colapsada.

A falta de todo esse conhecimento, que agora está vindo com mais força em nossa sociedade não é por acaso. Após as várias descobertas que foram feitas e ainda estão sendo feitas através do conhecimento da dualidade do quantum, abriram os olhos de muitas pessoas que estudam o assunto e estão convencidos cada vez mais que a força da mente ou da consciência é capaz de mudar a realidade futura.

Falam de pensamento positivo, do poder da atração, mas tudo está devidamente comprovado fisicamente e é isso que nos deixam surpresos. Como sabemos tanto e porque a humanidade não evoluiu já de uma maneira que pudesse acabar com vários problemas existentes hoje?

E AGORA?

CRENÇAS LIMITANTES – ULTRAPASSANDO O NOVO E O "INEXPLICÁVEL"

E AGORA?

Bom, todos nós sabemos que nossas vidas são repletas de fatos e acontecimentos desde a nossa infância até a nossa fase adulta. Também sabemos que constantemente estamos sendo massacrados de informações vindas através das mídias sociais, televisão, noticiários e etc.

Porém nossa primeira informação acontece ainda no nosso nascimento e principalmente durante a nossa infância. Essas informações vindas principalmente de nossos pais é que se solidificam em nosso subconsciente e por consequência carregamos por toda a nossa vida adulta.

Conforme vamos crescendo, passando pela infância, adolescência e chegando na fase adulta, essas informações que consideramos como verdades, vão cada vez regendo nossas vidas e determinando nossas ações e reações perante o mundo em que vivemos. Elas determinam nossos relacionamentos com o outro, nossos pensamentos sobre determinados assuntos, nossas atitudes com relação ao trabalho, ao dinheiro e tudo que está ao nosso redor e que de alguma maneira interagem conosco.

O problema é que não temos consciência de interpretar quais dessas crenças são positivas ou negativas até o dia que algo nos traz à tona aquela sensação que nos faz confrontar com a realidade vivenciada.

Conceitualmente as crenças são todas as ideias que nós vimos, ouvimos ou participamos e que nos determinam as verdades absolutas em nossas vidas.

[8]Crença é o estado psicológico em que um indivíduo adota e se detém a uma proposição ou premissa para a verdade, ou ainda, uma opinião formada ou convicção.

Como Descartes, Peirce começou diferenciando crença de dúvida. Para ele, esses são dois estados de mente relativamente fáceis de distinguir, o estado de dúvida, observa ele, é "um estado irritante e insatisfatório, do qual lutamos para nos libertar"; diferentemente, o estado de crença "é calmo e satisfatório". Não somente sentimos um forte desejo de converter a dúvida em crença, mas chegamos a nos esforçar para manter as crenças que já temos, para evitar cair novamente em dúvida. Peirce diz "Atemo-nos tenazmente, não somente a crer, mas a crer exatamente naquilo que já cremos".

Por incrível que pareça, quando temos uma certeza sobre alguma coisa, fato ou perspectiva de que algo aconteça, invariavelmente aquilo acontece.

Isso somente acontece porque estamos conectados com a frequência daquele fato, com aquela verdade e isso te trará situações daquele tipo ou situações que comprovem que seu pensamento estava correto. Assim, suas crenças são retroalimentadas e cada vez mais você participa de uma ciranda de pensamentos e fatos rotineiros e cíclicos que validam suas crenças. E essas crenças negativas são as que te limitam de crescer, de atingir o sucesso esperado, seja no âmbito pessoal ou profissional.

---

[8] https://pt.wikipedia.org/wiki/Cren%C3%A7a

E AGORA?

Exemplos claros de crenças limitantes observamos na educação de algumas crianças, que através da criação recebida de seus pais, que por sinal já vem carregados de crenças também, são bombardeados de pensamentos limitadores.

Quando um pai ou uma mãe fala para seu filho, não pegar alguma coisa porque aquilo não é pra ela, ou que ele não é capaz ou fraco para exercer qualquer atividade, isso traz para aquela criança uma verdade absoluta. Os pais são para qualquer criança o símbolo da referência a ser seguida. Normalmente os filhos tentam imitar os pais quando estão na fase da infância.

Ou seja, quanto mais as crianças são submetidas às crenças limitantes, mais elas carregaram consigo aquelas verdades e vão acumulando uma imagem mental das coisas ruins. Isso aparecerá apenas mais tarde, quando na fase de adolescência ou na fase adulta, aquela criança que ainda existe no subconsciente de cada um, for confrontada com momentos do cotidiano que te tragam a lembrança da crença enraizada. É por esse motivo que vemos adultos tímidos, com baixa estima, procrastinadores e com baixo poder de atingir o sucesso.

As crenças como falamos anteriormente, podem ter sua formação através de dois tipos basicamente, as crenças pessoais, familiares ou internas e as crenças sociais ou externas.

As crenças pessoais ou internas são aquelas oriundas principalmente de seu convívio familiar, sejam com os pais, primos e parentes próximos. Elas são criadas através de situações vividas em sua realidade. Um divórcio de seus pais pode facilmente criar uma crença numa criança de que o casamento não é bom ou que o casamento não deve ser para ela, já que vivenciou isso dentro de casa.

Já as crenças sociais ou externas, estas são também muito comuns e também muito fortes na influência de nossas ideias e pensamentos. Essa é adquirida através do bombardeio de informações vindas da sociedade e das mídias. E são várias as crenças "ofertadas", tais como, "para ser rico tem que suar muito", "o dinheiro não é fácil de se ganhar", "os casamentos de hoje em dia não duram mais muito tempo". São informações assim que escutamos todos os dias principalmente pela imprensa mundial que vão nos limitando e nos tirando de uma possibilidade de vivenciar uma "realidade paralela" a esse mundo que vivemos.

Não por acaso, poderíamos pensar, a mídia tem como informação principal a divulgação permanente do medo. Fatos cotidianos que levam a sociedade a se enclausurar, a viver na dependência de que outras pessoas façam por você o que você tem o poder de fazer.

São crenças que paralisam, congelam a evolução do ser humano. Conscientemente ou não, grandes "arquitetos da mente do mal" utilizam dessas ferramentas para disseminar a desinformação sobre a VERDADE e permanecerem no nível mais elevado da sociedade.

E AGORA?

> Para que a vossa fé não se apoiasse em sabedoria dos homens, mas no poder de Deus.
>
> 1 coríntios 2:5

Muitos serão os que nos induzirão as falácias da vida, mas devemos saber que nossa mente tem o poder de criar a nossa realidade.

Na verdade a "realidade paralela" é tão somente aquela realidade que você quer construir. É a realidade criada através do conhecimento da VERDADE e que principalmente a mídia, nem sempre de forma velada e proposital, nos ceifa de conhecer.

No mundo quântico já entendemos que a realidade é passível de construí-la pelos "olhos do observador". Hoje sabemos que toda a matéria na verdade é composta de energia ou ondas eletromagnéticas.

Quando falamos em criar uma nova realidade ou de materializar os seus desejos, não quer dizer que somos capazes de pensar num objeto e aquele objeto aparecer na sua frente. Ou de pensar numa situação e você acordar e abrir os olhos e aquela situação acontecer imediatamente.

Reforço aqui que a materialização de nossos pensamentos parte principalmente da ideia de que ao pensarmos em algo ou alguma situação que queremos, haverá uma emanação de energia de nosso consciente, afetando a realidade existente (mundo das ideias de Platão) e proporcionando o aparecimento de fatos e situações cotidianas e na atração de pessoas necessárias para que aquilo que você pensou aconteça. Essa é a materialização do pensamento.

Quando temos a certeza de que queremos algo, sem dúvidas de que aquilo é mesmo algo desejado, nossa emissão energética é bem maior. Estaremos sintonizados na frequência certa, sem ruídos ou outras "estações" interferindo em nossos desejos. Temos que ter uma transmissão pura e limpa para que possamos receber a mesma frequência pura e limpa.

> Ora, àquele que é poderoso para fazer tudo muito mais abundantemente além daquilo que pedimos ou pensamos, segundo o poder que em nós opera,
>
> Efésios 3:20

Vivemos no mundo das possibilidades, e temos que aprender que antes de pensarmos no que queremos, isso já existe, e muito mais ainda que nem sabemos existir. A VIDA É BEM MAIS ALÉM DO QUE ISSO!!!

E AGORA?

ELIMINANDO AS CRENÇAS LIMITANTES

E AGORA?

E AGORA?

É claro que a primeira coisa que temos que fazer para eliminar nossas crenças limitantes é ter o conhecimento de quais crenças são essas, ou seja, reconhecer quais são as verdades absolutas que norteiam nossos pensamentos.

Com certeza todos nós temos alguma crença limitante que nos desafia todos os dias. Essas crenças como já falamos estão enraizadas em nosso subconsciente e as vezes nem percebemos que a temos, pois nunca nos foi questionada e nunca paramos para entender o que poderia ser diferente.

Ao perceber que você possui alguma crença limitante, aquiete sua mente, faça um relaxamento mental, feche os olhos, imagine uma situação na qual aflora aquele sentimento limitante e perceba as sensações que te trazem. Escute seu coração, perceba seus batimentos cardíacos, perceba seu estômago e sua pele. Quais reações te trazem? De alegria ou de tristeza? Te deixa desconfortável?

Tente relembrar momentos em sua vida em que você passou por essas situações. Tente buscar na sua memória a raiz daquela crença, algo que alguém te disse ou que você ouviu repetidas vezes através da sociedade ou da mídia.

Feito isso, ou seja, após descobrir qual a sua crença limitante e qual a origem dela, chega a parte mais desafiadora. Agora é hora de decidir o que você quer fazer com aquilo. Qual significado você dará nas próximas vezes que situações iguais acontecerem. Aquilo é algo que você realmente quer eliminar da sua vida? Onde você gostaria de chegar ao eliminar essa crença de seu cotidiano? Ache dentro de você a motivação necessária para superar os seus limites.

Uma forma prática de eliminar as crenças limitantes é fortalecer diariamente em seu consciente, frases e situações que falem o oposto do que você tem escutado ou feito no dia a dia. Provavelmente em alguns momentos a reação instantânea de seu subconsciente será de realizar ou de falar aquilo que está gravado a muito tempo, mas com esforço, paciência e repetição você com certeza conseguirá mudar a programação de seu subconsciente.

Lembre-se que nosso consciente é a porta de entrada de nosso subconsciente. É através das informações recebidas diariamente que conseguiremos reprogramar nossa mente e torna-la capaz de tomar atitudes automáticas diante de alguns fatos.

A cada dia, torne esse processo "forçado" de aprendizagem mais repetitivo. Repita várias vezes ao dia frases encorajadoras, frases positivas diante de determinado assunto. Ultrapasse seus limites e perceba que provavelmente nada acontecerá de fato de ruim. E se acontecer, não desista. É possível que a probabilidade de dar errado aconteça, mas você saberá que não é uma verdade absoluta, pois em várias outras vezes dará certo.

A partir do momento que você encarar suas crenças de frente e perceber que perdeu muito tempo acreditando em coisas que já não fazem mais sentido a você, novos "mundos" irão se abrir, o novo e o inexplicável será agora sua nova realidade.

Esteja aberto a novas situações e entenda que podemos cocriar o que queremos, da forma que queremos e onde queremos.

Chega de nos limitarmos pelas palavras dos outros e pelas informações recebidas de quem já sabe de nossas capacidades e que querem que permaneçamos ao nível que nos encontramos para que eles possam cada vez mais se sobressaírem sobre nós.

É incrível que quando estamos sob a influência de nossas crenças e saímos desse estado, a percepção de que muitas vezes nós não éramos quem realmente gostaríamos de ser vem à luz. É como se fossemos máquinas programadas para executar uma tarefa de uma determinada maneira. Somos incapazes de sermos nós mesmos, e deixamos de "existir" e manifestar nossos reais desejos para sermos o que o outro quer que sejamos.

E AGORA?

E AGORA?

CORRELAÇÃO QUÂNTICA e EFEITO NÃO LOCAL

E AGORA?

E AGORA?

A física clássica determina que causa e efeito devem estar num mesmo âmbito fenomênico, ou seja, elas devem ser observadas ambas atuando num mesmo local.

O entrelaçamento quântico foi chamado de "ação fantasmagórica à distância" por Albert Einstein, que acreditava ser um evento impossível, sob as leis da mecânica quântica ortodoxa

Apenas as pessoas ligadas ao misticismo, que utilizam ou defendem a utilização da clarividência ou algo do tipo, imaginou que algo pudesse atuar à distância e instantaneamente.

Num sistema quântico onde os estados das partículas ainda não foram definidos, ou seja, num sistema onde as partículas ainda não foram observadas, para se conhecer a natureza de uma partícula é necessário também conhecer a natureza das outras partículas presentes no sistema. As partículas se comportam como se todas fossem apenas uma única partícula.

Pelo Princípio da Simetria os físicos acreditam que isso também pode acontecer na vida real. Se estamos todos interconectados, principalmente pela origem única de tudo, também podemos nos comunicar ou influenciar outras pessoas através do nosso psíquico.

Agora a física quântica é capaz de provar isso através do entrelaçamento. Quando duas partículas são colocadas em entrelaçamento quântico, são emaranhadas, independentemente da distância entre elas, podendo ser pequenas distâncias como distâncias a anos-luz, o que você aplicar de ação em uma delas, instantaneamente e ao mesmo tempo acontecerá na outra. Isso vai contra a teoria Newtoniana de que nada poderia viajar a uma velocidade maior que a da Luz. Por exemplo, um spin no sentido horário na primeira partícula será equivalente a um spin no sentido anti-horário na segunda, com o spin combinado das duas sendo zero.

O entrelaçamento quântico é a base para tecnologias emergentes, tais como computação quântica, criptografia quântica e tem sido usado para experiências como o teletransporte quântico. Ao mesmo tempo, isto produz alguns dos aspectos teóricos e filosóficos mais perturbadores da teoria, já que as correlações previstas pela mecânica quântica são inconsistentes com o princípio intuitivo do realismo local, que diz que cada partícula deve ter um estado bem definido, sem que seja necessário fazer referência a outros sistemas distantes. Os diferentes enfoques sobre o que está a acontecer no processo do entrelaçamento quântico dão origem a diferentes interpretações da mecânica quântica.

Nesse caso a ação é dita como não-local porque até hoje nenhum físico conseguiu provar como isso acontece. Que efeito não local é esse? Como isso acontece? A partícula sai dessa dimensão, se teletransporta para outra dimensão e reaparece no local da outra partícula? Isso de forma instantânea?

Esse experimento que vimos acima do entrelaçamento quântico onde a comunicação não-local acontece, nos dá a perspectiva de contribuir com o que já falamos anteriormente sobre o colapso de onda e a materialização dos nossos projetos, desejos e curas.

Através dessa comunicação não local podemos nos comunicar com outras pessoas, mesmo que a princípio sem intenção, mas que estas recebem a nossa informação do que queremos, também sem conhecimento para elas de que veio de outra pessoa, mas se apresenta também como apenas um desejo. Esta pessoa tomará ações em busca do que quer e "coincidentemente" vocês se encontrarão e os desejos se complementam. O que você quer, a outra pessoa tem a oferecer, ou vice e versa.

Só existe efeito não local se existir correlação quântica, pois é uma relação com efeito mútuo. Um interage com o outro e o outro com o um.

Entenda que no emaranhamento quântico, onde existem todas as partículas entrelaçadas, e todas as possibilidades, lá nós também estamos emaranhados. Nós e todas as coisas e pessoas.

Falamos anteriormente sobre crenças limitantes. Essas crenças nos impedem de atingir níveis maiores de consciência pelo simples fato de que os sentimentos advindos das crenças, ou melhor, os maus sentimentos gerados do enfrentamento que as crenças nos colocam nos levam a gerar através do entrelaçamento quântico as reações indesejadas.

Existem as correlações boas geradas através do sentimento de amor, visto principalmente entre mãe e filhos, onde muitas vezes as mães são capazes de sentir ou pressentir as angústias que os filhos podem estar passando, mesmo à distância.

Porém existem os maus sentimentos. O Medo, o ciúme, a ansiedade, esse último um dos maiores vilões da humanidade no que diz respeito a busca da abundância e crescimento.

O feito não local é o objeto de ação descrito anteriormente quando falamos do colapso de onda. Vocês lembram?

Nossos desejos podem ser materializados quando usamos nossa mente como fonte de emissão de nossas ondas a serem colapsadas. Quando isso acontece, nos comunicamos de forma não local com todos os fatores necessários para que aquilo que desejamos se realize.

Quando atraímos aquela pessoa que a tempos não falamos, ou quando desejamos aquele carro, são esses fatos que se materializarão para você.

Li certa vez um exemplo muito bacana da comunicação não local. A pessoa falava de uma mãe que, dormindo, acorda de forma repentina no meio da madrugada com um forte pressentimento de que o filho recém-nascido não está bem. Ela se levanta, vai ao quarto e coloca a mão na testa da criança, então percebe que ela está com febre.

E AGORA?

O que fez a mãe acordar no meio da noite com esse pressentimento? O puro vinculo de amor entre mãe e filho é capaz de emaranhar suas consciências.

Nos parece aqui que temos ainda muito a descobrir sobre os efeitos do entrelaçamento e suas consequências na vida e no nosso cotidiano, mas a nível quântico podemos ter uma certeza: é que a consciência é capaz de determinar a localidade, e a transformação das ondas em matéria corpuscular.

E AGORA?

E AGORA?

EFEITO ZENÃO QUÂNTICO

E AGORA?

Esse conceito é sugerido pela física quântica através de uma idealização feita pelo filósofo grego pré-socrático Zenão de Eléia.

Nessa idealização de Zenão, ele acostumado a criar paradoxos, postulou um pensamento no qual afirma que o movimento não existe. Mas como assim?

Uma forma de entender esse paradoxo é compará-lo ao movimento de uma flexa. Imagine você que está com um arco e uma flecha em suas mãos. No momento em que você está olhando para a flecha, você sabe que ela está parada. Agora imagine que você acabou de lançar a flecha com o seu arco. Você já pensou que, a cada momento em que você olha para o objeto, mesmo ele estando em movimento, ele também está parado? De acordo com Zenão, "um sistema não pode mudar enquanto você o observa".

Da mesma forma acontece com a câmera fotográfica ao se tirar uma foto dessa flexa. Quando você revela essa foto de alta resolução e captação ultra rápida de quadros, você vai ver uma flexa parada.

Analisando esse paradoxo em nível atômico temos o seguinte. Quando falamos de um material radioativo estamos falando que as partículas que formam o seu núcleo emitem radiação com o intuito de se tornarem mais estável. Como exemplo temos o plutônio, radio e carbono 12.

E AGORA?

Num experimento realizado constatou-se que quando se utilizou uma certa quantidade de matéria radioativa e a deixou sem observação durante o período de 1 hora, o seu núcleo chegou a se desintegrar em quase 50%. Porém, ao se fazer medições constantes a cada minuto, no mesmo período de 1 hora, o núcleo desse mesmo átomo se desintegrou em menos de 1%. Mais uma vez a atenção do observador foi capaz de alterar a ação de desintegração natural do núcleo de um átomo.

O fenômeno descrito por Zenão se refere às consequências das ações constantes e ininterruptas do observador sobre um desejo ou vontade. Ou seja, Zenão compreendeu que a felicidade e a materialização dos desejos apenas podem ser conseguidas pelo ato de confiar e soltar, que significa não ter ansiedade ou dúvidas de que você é merecedor de tudo de bom que a vida possa te dar.

A ansiedade é um dos grandes males como falamos. E aqui está a comprovação física, técnica e experimentada do que falo é verdade.

Se somos todos seres quânticos, formados de energia, partículas, átomos, moléculas e células, também estamos sujeitos as mesmas ações do mundo quântico no mundo material, pela simples Teoria da Simetria. Ao criarmos os nossos projetos, desejos e sonhos precisamos primeiramente ter a certeza de que aquilo irá acontecer, é a fé de acreditar no que ainda não se vê.

E AGORA?

Nós tentamos buscar a nossa felicidade, alcançar os nossos desejos e projetos no tempo que queremos. Isso nos traz uma ansiedade que resulta no bloqueio da ação.

É preciso acalmar a mente, pensar no que realmente se quer, imaginá-lo com a maior riqueza de detalhes possível como sendo já seu ou no caso de um projeto, que este já está sendo concretizado, sentir a presença daquilo em sua vida de forma que não te reste dúvidas que você já conquistou o que quer.

> Mas tu, quando orares, entra no teu aposento e, fechando a tua porta, ora a teu pai que está em secreto; e teu pai, que vê em secreto, te recompensará publicamente.
>
> Mateus 6:6

Feito isso agradeça. Agradeça a cada minuto do dia pela graça alcançada e pelo resultado obtido e reparta suas conquistas com as pessoas que ama.

> "Compartilhar é uma das maiores qualidades espirituais. O milagre é que quanto mais

você compartilha sua felicidade, mais você tem."

Osho

Precisamos emitir a energia daquilo que queremos, para atrair a realidade desejada, isso porque nós atrairemos aquilo que foi emanado. Somos antenas transmissoras e receptoras de desejos. Dentro do emaranhamento quântico tudo já existe. Todas as coisas e todas as pessoas necessárias para que o seu desejo se realize, já existem.

A ansiedade e pensamentos repetitivos sobre o objeto de desejo bloqueiam o ritmo da materialização. Não ter ansiedade nada mais é do que deixar o universo criar através de sua consciência o seu futuro sem criar obstáculos.

O poder do agradecimento é fundamental para te dar cada vez mais confiança, mesmo que ainda não tenha recebido. Sinta-se feliz mesmo ainda não tendo materializado o seu desejo, deixando sua energia sempre vibrando e emitindo a mesma sintonia daquilo que você quer.

O universo é consciência pura, sabe de todas as coisas e o que deve ser feito para que tudo aconteça da melhor forma possível. Assim, não tente saber o como será feito, não resista, e aceite tudo o que lhe acontecer, pois o universo te fornecerá condições para que tudo se materialize em sua vida.

O Mestre Osho entendeu este fenômeno quando disse que "a busca ansiosa pela felicidade é o que nos torna infelizes."

E AGORA?

E AGORA?

EMARANHAMENTO QUÂNTICO

E AGORA?

E AGORA?

Em meu livro anterior comentei sobre o entrelaçamento quântico entre partículas, onde após a aproximação entre elas, as mesmas tonam-se entrelaçadas ou emaranhadas e uma, não pode existir sem a outra, ou seja, não se pode falar de uma sem falar da outra ou aplicar alguma ação em uma que também não seja sentida na outra.

Agora de forma mais profunda vamos entender o que o emaranhamento tem a ver com a nossa vida do dia a dia.

Primeiro precisamos entender que o emaranhamento quântico é também conhecido como o estado onde as partículas ainda não se tornaram matéria, portanto onde há a sobreposição entre elas. No experimento da dupla fenda, descobrimos que a partícula ora se comporta como partícula e ora se comporta como onda (Princípio da Complementaridade).

Quando a partícula ainda se comporta como onda, antes da percepção de um observador, segundo o físico austríaco Erwin Schrödinger (1887-1961), é impossível determinar sua localização real, e somente através de sua equação de função de onda, é possível calcular a probabilidade de onde poderia estar essa partícula, principalmente pelo fato da sobreposição ou da teoria da complementaridade de enunciado por Niels Bohr em 1928 e assevera que a natureza da matéria e radiação é dual e os aspectos ondulatório e corpuscular não são contraditórios, mas complementares. Em outras palavras, a partícula tem duas naturezas, a material (corpuscular) e a energética (ondulatória).

E AGORA?

Na equação da função de onda proposta por Schrödinger que é uma equação de probabilidade, somente é possível determinar onde seria o provável local onde essa partícula poderá aparecer, conforme a concentração de energia desse local. Isso corrobora com outra determinação da física que fala dos aspectos de matéria e antimatéria, onde as partículas se anulam logo após o seu aparecimento.

Podemos afirmar que uma equação matemática só existe na mente de um matemático, ou seja, é pura consciência. Podemos também determinar que a partícula enquanto onda, também é possuidora de uma "consciência", pois ao ser observada ela é capaz de alterar sua estrutura para uma matéria corpuscular. Isso é muito louco, algo até mesmo fantasmagórico, mas é a realidade.

Esse processo onde a partícula muda de sua forma ondulatória e passa para a corpuscular, nós chamamos de colapso de função de onda. Esse é o momento em que a função de onda criada pela mente do matemático para representar a probabilidade de localização de uma partícula é colapsada, ou seja, deixa de fazer sentido, pois a partícula passa a ter sua localização no espaço x tempo determinada após a ação de uma consciência.

Ao nível macroscópico, ou seja, ao nível das coisas palpáveis e visíveis do ser humano, o colapso da função de onda que precisamos considerar, não são os elétrons em seu estado ondulatório a serem materializadas, não são os prótons, mas sim nossos pensamentos, desejos e projetos de vida.

Esses sentimentos geram ondas eletromagnéticas, ondas essas mensuráveis através dos equipamentos de encefalograma (como já mencionado anteriormente em meu livro A VIDA É BEM MAIS ALÉM DO QUE ISSO), e que fazem o papel ondulatório das partículas.

Portanto, é necessário que primeiramente o colapso de onda aconteça em nossa consciência para que depois aconteça no emaranhamento e passe para a vida real.

Voltando mais um pouco ao assunto do emaranhamento quântico, foi constatado experimentalmente em laboratório, que a ação de um observador, ou de uma consciência é capaz de transformar, o estado de uma partícula do estado ondulatório em um estado corpuscular.

Nesse sentido, sabendo que tudo o que existe ou irá existir já existe em outras dimensões, conforme postulado por Platão em suas publicações sobre o Mundo das Ideias, portanto, temos a capacidade de imaginar tudo o que queremos e nossa imaginação nada mais é do que uma probabilidade de um acontecimento ainda não existente materialmente, mas que pode vir a acontecer conforme a ação de um observador.

Mas o que seria a ação de um observador sobre os nossos pensamentos? Acredito que essa observação nada mais é do que colocarmos o nosso olhar, nosso foco e nossas ações naquilo que desejamos. Lembrem que pensamento sem ação nada mais é que fantasia e pensamento com ação é desejo. Desejo é emoção, é sentir. E esse sentimento, essa emoção é percebida através de impulsos elétricos em nosso cérebro que por conseguinte é transformado em ondas eletromagnéticas que se espalham no universo.

> "Todos vão para um lugar;
> todos foram feitos do pó, e
> todos voltarão ao pó."
>
> Eclesiastes 3,20

Aqui temos uma passagem bíblica que nos traz à lembrança que todos viemos do mesmo lugar, viemos de um único ponto no universo antes de sua expansão. Todos, sejam humanos, animais, vegetais e minerais somos compostos dos mesmos elementos químicos, das mesmas moléculas, átomos, elétrons e energia e o que nos diferencia dos demais é tão somente nossa consciência. Nossa capacidade de utilizarmos o consciente e o subconsciente a nosso favor.

Dessa forma estamos todos interligados através do emaranhamento quântico, fazemos parte de um todo e não podemos executar uma ação em um, que não possa ser refletida em outro.

E AGORA?

A teoria quântica afirma que o observador de um fato influencia em como esse fato é percebido.

É como dizer que uma mesma bola de tênis para uma pessoa pode representar uma esfera, mas para outra, um cubo.

Para provar isso, físicos da Universidade Heriot-Watt, na Escócia, criaram um experimento que envolveu quatro observadores: Alice, Amy, Bob e Brian.

Esses personagens não são pessoas. Eles são, na verdade, quatro máquinas sofisticadas em um laboratório.

No teste realizado com eles, Alice e Bob recebiam uma mensagem, que nesse caso era um fóton, ou seja, uma partícula quântica da qual a luz é composta.

Os pesquisadores usaram fótons para enviar informações entre vários 'observadores'

Depois, Alice e Bob enviavam esse fóton a Amy e Brian, ou seja, transmitiam a mensagem a eles.

Eis o que surpreendeu os pesquisadores: apesar de Alice e Bob terem enviado a mesma informação a Amy e Brian, os dois últimos a interpretaram de maneira diferente.

Este resultado está relacionado a um conceito de mecânica quântica que diz que as partículas podem se entrelaçar e mudar dependendo de quem as observa.

Esta é a primeira vez que alguém realiza um experimento mostrando que os fatos não são universais no nível quântico.

A mensagem é que na teoria quântica não há fatos objetivos. Isso quer dizer que um mesmo fato não é visto da mesma forma por diferentes observadores.

Isso é algo que normalmente não esperamos na ciência, porque para ciência é muito importante que os fatos sejam iguais para todos que os observam

Quando falamos de fatos na vida real, são coisas que podem ser verificadas muito rapidamente. O que estamos dizendo é que na teoria quântica, em um nível profundo, os fatos não são objetivos. Os fatos existem, mas podem ser subjetivos. Na ciência, é muito importante que haja fatos sobre os quais todos possamos estar de acordo, que é o que permite o desenvolvimento científico.

E AGORA?

Ocorre que, na teoria quântica, talvez esse não seja o caso, ou seja, diferentes observadores podem ter acesso a diferentes fatos que podem coexistir entre eles.

Novamente voltamos a influência do observador na materialização e na definição do tempo x espaço de uma partícula.

O entrelaçamento quântico nos traz o conceito já falado anteriormente e também já experimentado que é o Efeito Não local.

E AGORA?

E AGORA?

TRANSMISSÃO DA INFORMAÇÃO

Vamos iniciar com uma questão simples. Você já se perguntou como funcionam as antenas de rádio e televisão?

Vou falar rapidamente aqui para você perceber como a física está no seu dia a dia e as vezes nem tomamos conta.

O princípio da pedra jogada numa lagoa é o mais elucidativo exemplo de campos de irradiação e propagação.

As ondas produzidas no meio de uma massa líquida por uma pedra lançada, depois que chegou ao fundo, continuam se propagando.

A pedra e sua queda, não são necessárias à manutenção das ondas, mas foram prementes à sua criação, cessou a causa (queda da pedra), porém o efeito (propagação de ondas) teve seu prosseguimento, independente daquela ter cessado.

As ondas eletromagnéticas são produzidas por cargas elétricas em movimento, quer dizer, as cargas elétricas são as fontes dos campos eletromagnéticos. À medida que as fontes variam com o tempo, as ondas eletromagnéticas se propagam para longe das fontes. Então, podemos dizer que houve a emissão das ondas eletromagnéticas. Esse processo de emissão de ondas eletromagnéticas pode ser realizado por estruturas denominadas antenas.

As antenas podem ser usadas tanto para emitir quanto para receber sinais eletromagnéticos. Mas como se dá esse processo?

E AGORA?

Uma corrente elétrica alternada é produzida no transmissor e esse tipo de corrente tem sua intensidade variando em função do tempo, de acordo com a função trigonométrica seno, a essa variação associamos uma grandeza chamada frequência, que é medida em hertz. A corrente então oscila ao longo de um condutor e essa oscilação vai produzir um campo eletromagnético, ou seja, vai produzir ondas eletromagnéticas.

As ondas eletromagnéticas produzidas são emitidas e viajam através do espaço em todas as direções, como o espaço está repleto de ondas eletromagnéticas vindas de diversas fontes, e como são ondas, elas possuem frequência e comprimento de onda. É exatamente essas duas grandezas que vão diferenciar uma da outra.

Cada onda tem sua própria frequência, quanto maior o valor da frequência, menor será o comprimento de onda. Logo, quanto maior o comprimento de onda, menor será a frequência da onda. Essas ondas chegam a uma infinidade de antenas receptadoras espalhadas pelas cidades, mas cada antena irá captar apenas as ondas que estão na faixa de frequência programada. Ao chegar na antena receptora, a onda irá induzir uma corrente alternada que oscilará com uma frequência igual a sua. Apesar dessa corrente ser bem mais fraca do que a corrente que gerou a onda na antena transmissora, ela pode ser amplificada no aparelho receptor.

Resumindo a explicação técnica acima, as antenas funcionam como produtora de ondas a partir de uma fonte que

E AGORA?

emite corrente elétrica, numa determinada frequência e as mesmas antenas funcionam como receptoras quando estão

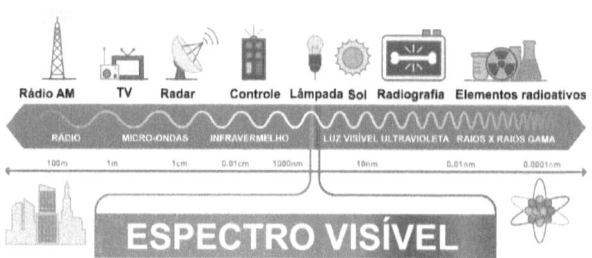

programadas para receber determinada frequência.

Fiz questão de falar do funcionamento das antenas apenas para fazemos uma correlação com as emissões elétricas emitidas por nosso cérebro e suas várias faixas de frequências. Somos uma antena que recebe a frequência na qual estamos "sintonizados".

E AGORA?

AS ONDAS CEREBRAIS

E AGORA?

E AGORA?

As ondas cerebrais são ondas eletromagnéticas fornecidas pela atividade elétrica das células cerebrais. Essas ondas podem ser medidas e representadas por suas frequências em Hertz (Hz).

As ondas cerebrais podem ter suas frequências modificadas já que a amplitude de cada tipo de onda se relaciona diretamente com as mudanças de estados de consciência.

Tudo começou na década de 1930, quando o psiquiatra e neurologista alemão Hans Berger inventou o eletroencefalograma (EEG), método não-invasivo que permite o monitoramento da atividade elétrica do cérebro de uma pessoa.

Atualmente temos quatro tipos principais de onda cerebral: beta, alfa, theta e delta.

Observadas enquanto o indivíduo está acordado, as ondas Beta (13 -30 HZ) indicam concentração e estado de alerta. Indicam um estado de vigília, consciência, foco e atenção.

Elas são imprescindíveis em procedimentos criativos, já que deixam a pessoa desperta, alerta e com a mente concentrada e pronta para executar trabalhos que necessitam de atenção redobrada ou para aprender a fazer algo. Esta é a onda da cognição e, por este motivo, estão presentes quando estudamos, trabalhamos, pensamos em estratégias, cozinhamos, dirigimos, entre outras atividades que exigem atenção.

Em níveis adequados, as ondas do tipo nos tornam mais atentos e concentrados para executar tarefas e resolver problemas.

As ondas Alfa (7-13 HZ) estão relacionadas a um estado de relaxamento e redução da ansiedade durante a vigília.

São responsáveis por um estado de relaxamento profundo, como o que ocorre durante uma meditação ou oração. Nesse momento mais profundo as áreas da inteligência, memória, criatividade, inspiração, percepção sensorial e intuição atuam. Em níveis adequados, as ondas Alfa promovem os estados mentais de relaxamento, visualização e meditação.

Trate-se de um momento intermediário entre o relaxamento e o sono, mas a pessoa ainda não está adormecida, pelo contrário, ficamos numa atenção plena.

Porém quanto maior o aprofundamento em nível Alfa, maior a possibilidade de ficarmos sem a atenção necessária para executar uma tarefa. Em compensação, níveis muito baixos desse tipo de onda indicam um estado de alerta excessivo, como nos casos de ansiedade, estresse e insônia.

A sonolência costuma apresentar ondas Theta (4-7 Hz), que mostram uma atividade cerebral reduzida.

As ondas Theta são geradas pela mente inconsciente. Encontra-se no processo pré-adormecimento e em sono profundo. É em Theta que podemos ter uma conexão profunda com o nosso "eu". Podemos sentir nossas emoções mais profundas e onde produzimos os nossos pensamentos criativos e temos acesso a nossa intuição.

Quando deixamos a mente "vagar", deixando os pensamentos passarem e imaginando uma porção de coisas, as ondas Theta "assumem o controle" da mente. Esse é o melhor estado e o principal objetivo para se alcançar num período de meditação.

Já as ondas Delta (4-0 Hz) têm relação com o sono profundo. Elas podem ser relacionadas com a disponibilização do hormônio do crescimento humano, chamado de HGH, que é bastante positivo para a reestruturação celular. Esse tipo de onda é registrado com mais frequência em bebês e crianças.

Essa onda também está relacionada aos movimentos involuntários do organismo, como a respiração, o batimento cardíaco e a digestão.

Agora relacionando o conceito acima com as antenas de rádio comentadas anteriormente, imaginem o quão somos capazes de emitir ondas eletromagnéticas no universo através de nossas atividades cerebrais. Porém, da mesma forma, dependendo do que ou em que estamos "sintonizados", serão essa energia e eventos que receberemos.

Na existência do Mundo das Ideias, tudo já existe no mundo real e apenas acessamos essa informação e a transformamos em matéria no mundo Sensível no qual vivemos.

E AGORA?

Logo, podemos imaginar que o Mundo das Ideias esta composto de inúmeras "antenas" capazes de captar nossas emissões de ondas eletromagnéticas e por conseguinte trazer para o Mundo Sensível aquilo que emitimos.

E AGORA?

ALCANÇANDO NÍVEIS MAIS BAIXOS DE FREQUÊNCIA DAS ONDAS CEREBRAIS

E AGORA?

Sabemos que nosso cérebro funciona através das sinapses e por consequência a emissão de impulsos elétricos. Esses impulsos elétricos nada mais são do que a emissão de ondas eletromagnéticas que possuem comprimento e frequências de diversas formas diferentes, dependendo do tipo de atividade cerebral está sendo executada.

A melhor forma de termos o controle do que pensamos e ter o acesso ao mais profundo do nosso "eu" é através da redução de nossa frequência cerebral. Ao entrarmos em frequências Alfa e Theta nosso cérebro entra em relaxamento.

Precisamos ter a mente tranquila para que possamos nos concentrar naquilo que desejamos e através de imagens mentais visualizar isso em nossas vidas.

A materialização do que queremos só é possível quando conseguimos invadir o universo quântico, o vácuo quântico ou o mundo das ideias de Platão e transferir o que já existe lá para o nosso mundo real.

Conforme já ensinei no primeiro livro, um dos primeiros passos para ajudar na concretização de nosso desejo é pensarmos naquilo que queremos. Termos a certeza de que aquilo é realmente nosso verdadeiro desejo. Imagine fazendo isso no nosso dia a dia, com todas as tarefas que temos que atender, pensamentos, imagens e sons que nosso corpo é capaz de absorver quando estamos em estado Beta de frequência cerebral. Seria impossível de se manter uma concentração plena e focada.

Seria impossível criar uma riqueza de detalhes daquilo que queremos sem sermos interrompidos por alguma coisa. Por isso o estado de relaxamento cerebral é recomendado para potencializar a sua cocriação.

E como fazemos esse relaxamento e redução de nossas frequências cerebrais? Como atingirmos um estado de profundo "nada" mental? Para muitas pessoas a crença de que isso é impossível de se alcançar as limitam de ter o conhecimento verdadeiro de suas vidas.

A melhor forma de se chegar a esse ponto de relaxamento é através da meditação. A meditação é capaz de nos trazer um estado de espirito muito tranquilo e potencializar as suas sensações mais internas.

Vários são os tipos de meditação:

- vipassana;
- zazen;
- metta;
- transcendental;
- tântrica;
- cristã;
- yoga;
- hare krishna;

E AGORA?

- mindfulness.

Eu pessoalmente prefiro o método utilizado no mindfulness, que é um estado de atenção plena, como a própria palavra traduzida para o português nos diz (Mind=mente, Fulness=plenitude).

Aqui você consegue ter a percepção plena de suas sensações, emoções e pensamentos que são para a física quântica o emaranhado necessário para concretização de seus desejos e projetos.

Através da visualização, nosso subconsciente que não consegue distinguir o que é real do que é imaginário, nos faz perceber sensações e emoções verdadeiras conforme o fato já estivesse acontecido. No mundo quântico é nesse momento que acontece o colapso de onda e a materialização das coisas.

Quero esclarecer aqui o que considero como materialização do pensamento. Quando falo que somos capazes de cocriar a nossa realidade materializando nossos pensamentos e desejos, falo de sermos capazes de criar situações e atrairmos pessoas que ajudem a fazer daquele desejo uma realidade. No mundo material, no mundo em que vivemos é assim que a materialização acontece.

Nossos pensamentos são ondas eletromagnéticas que permeiam o espaço e fazem parte de uma realidade já existente, de fatos que já aconteceram, acontecem ou vão acontecer, caso contrário não teríamos a capacidade de imaginar.

Já no mundo ao nível quântico a materialização é real. Quando o cientista ou o físico trabalha com partículas estas possuem apenas a probabilidade de aparecer em algum lugar e desaparecer, e através da visualização, do olhar do observador ou da medição através de aparelhos manipulados pelo homem, a partícula deixa de ser uma onda e transformasse numa forma corpuscular, nesse caso a materialização é real. Fato comprovado através do experimento da Fenda Dupla.

Para alcançar níveis maiores de meditação, sugiro seguir os seguintes passos descritos. Saliento que talvez no primeiro momento sua mente tenda a te deixar na mão e encher de pensamentos dos mais variados. Isso é normal. A prática diária, quando possível, vai criar uma memória no seu cérebro e a cada vez que você entrar em estado de meditação ele vai lembrar da última vez e vai aos poucos entendendo que ali é o momento de relaxar.

1 – Preparação Inicial

Para iniciar sua meditação a primeira coisa a se fazer é escolher um local tranquilo e agradável, longe de barulhos e de possível interrupção.

Eu faço sempre uso de um mantra de frequências baixas pois me ajuda a entrar no mesmo estado e também gosto de colocar um incenso para me trazer também sensações olfativas que me agradam.

Você poderá apagar as luzes ou deixar seu ambiente numa leve penumbra para também o seu corpo e seu cérebro entender que é hora de descansar.

Sempre utilize roupas confortáveis e evite meditar logo após as refeições ou se não for possível, faça sempre refeições leves, pois seu organismo irá precisar de energia para fazer a digestão dos alimentos e isso pode dividir a atenção de seu cérebro.

2 – Posição

A minha preferia é sentado. Deixo uma cadeira dentro do meu quarto e a utilizo para sentar e ficar numa posição relaxada e confortável.

Coloco minhas mãos sobre as pernas, me coloco numa posição onde a coluna fique ereta e apoio no encosto da cadeira.

Também é possível fazer a meditação deitado. Coloque um travesseiro não muito alto sob a cabeça, estique as pernas e coloque os braços ao lado do corpo. Deixe sua cabeça numa posição em que não force o pescoço.

O maior problema da posição deitado é a possibilidade de você acabar caindo no sono durante a meditação, pois quando atingimos o estado de relaxamento total, mesmo com a atenção plena, o corpo se estiver cansado vai querer adormecer. Inclusive esse é um ótimo método para quem tem dificuldade de adormecer e passa horas se revirando na cama.

3 – Tempo

Não existe um tempo certo para meditação, isso vai depender de cada um e da sensação de relaxamento que irá atingir. Normalmente no início do exercício é recomendado o período entre 10 e 15 minutos, até mesmo para o seu cérebro ir se acostumando com o processo e a cada dia ter menos desvios de pensamentos.

Quando se achar confortável com esse tempo e deixar de ser uma "tortura" ficar parado por 15 minutos, vá aumentando aos poucos até um período médio de 30 a 40minutos.

Esse tempo é suficiente para você estrar num estado pleno de relaxamento e de fácil adequação a sua agenda diária, afinal 40 minutos é menos do que o tempo que você passa talvez olhando seu smartphone, tablet ou televisão diariamente.

4 - Rotina

Escolha um momento específico do dia para a meditação. Seja ao acordar, antes de dormir, após o banho, após as crianças irem para cama, ou seja, crie uma rotina no seu horário e que possa repeti-lo toda vez que for meditar. O ideal como falei é uma meditação diária, de pelo menos duas vezes ao dia, porém para aqueles que "não conseguem" criar um horário em suas agendas uma vez ao dia ou 3 a 4 vezes na semana já nos traz bastante efeito.

5 – Metodologia

Feito toda a preparação anterior agora é hora de iniciar o processo de meditação em si. Para isso utilizo o método de contagem e relaxamento de corpo e mente.

Com os olhos fechados, começo uma contagem regressiva, lenta e pausadamente, e visualizando cada parte do corpo imagino a musculatura entrando em relaxamento. Começo pela cabeça, pescoço, ombros, braços, abdômen, pernas e pés.

Concluindo a contagem faço um pedido para me conectar com o meu "eu" interior e com o universo e logo após isso faço frases afirmativas de que tudo o que eu pensar naquele momento será materializado. Isso ajuda basicamente para me convencer e convencer nosso cérebro do que queremos que aconteça.

E AGORA?

Esse processo deve durar em torno de uns 5 minutos e então volto minha atenção para minha respiração e visualizo o ar entrando e saindo pelas narinas. Se você tiver feito de forma correta até aqui, perceberá que sua respiração estará tão lenta que é capaz de achar que parou de respirar. Assim você já tem a certeza do estado de relaxamento.

Antes de iniciar a visualização dos nossos desejos e projetos que queremos realizar, gosto de fazer algumas visualizações para "calibrar" meus sentidos, ou seja, aferir minhas sensações de cheiro, visão, tato, paladar e audição.

Utilizo quase sempre a mesma imagem. Me vejo numa floresta com muitas arvores, um grande campo de grama bem aparada e verde, um riacho com pequenas pedras e uma água corrente bem gelada. Isso me faz experimentar o sentido de visão ao ver todo aquele paraíso, a audição do barulho da água corrente, o tato ao molhar minha mão ao pegar na água e perceber o quanta ela está fria, o paladar ao leva-la à boca e o cheiro da vegetação típica de um lugar úmido.

Passo alguns minutos nessa tranquilidade, relaxando cada vez mais minha mente e aproveitando as sensações. Cada um pode criar o seu próprio local de relaxamento, mas principalmente utilize locais conhecidos e/ou que já os tenha visitado e que tenham trazido a você muita paz.

E AGORA?

Feito isso é hora de entrar no desejo que você possui e através das mesmas visualizações faça uso da metodologia P.I.S.A.R. demonstrado no livro anterior.

E AGORA?

E AGORA?

E AGORA?

E AGORA?

Bom, quem chegou até aqui deve se perguntar o que podemos fazer com todo esse conhecimento da VERDADE. Como podemos usar de bom para o nosso proveito?

Vários textos e materiais de áudio e vídeo de ótima qualidade a respeito da física quântica já foram publicados pelo Brasil e pelo mundo nos últimos anos. A minha idéia aqui, novamente digo, não é de ser mais um em se referir a física quântica pura e simplesmente, este livro tem o propósito principal de trazer ao leitor uma nova perspectiva da física atual e como ela está inserida em nossas vidas, no nosso cotidiano.

Temos que ter em mente que a ciência é dinâmica e evolutiva. Temos vários exemplos de novas tecnologias que não existiam até pouco tempo atrás e hoje faz parte de nossas vidas e por muitas vezes não conseguimos mais nos ver sem elas, como a luz e a internet por exemplo.

Precisamos retirar da população mundial a alienação sobre a evolução do conhecimento e desmistificar as descobertas feitas pela física quântica e considera-las como uma nova realidade. Os conceitos apresentados neste livro não são pura ficção científica ou misticismo, são na verdade a realidade do que acontece a frente de nós, mas que não podemos ver aos nossos olhos, porém eles existem.

A iniciar pela dualidade onda-partícula que quebra todos os nossos paradigmas da materialidade das coisas. Concordo que é muito difícil absorver essa idéia inicialmente, mas quando nos aprofundamos no assunto fica cada vez mais fácil perceber e correlacionar aos fatos que antes não sabíamos entender por que aconteciam.

A clássica física newtoniana teve seu protagonismo e ainda tem até os dias atuais. Nos mostrou uma nova percepção do espaço-tempo, do universo e da nossa relação com este.

É muito difícil para nós deixarmos os velhos hábitos intelectuais de conhecimentos newtonianos de tempo, espaço, matéria e casualidade, pois esses conceitos estão impregnados profundamente em nossa mente e como percepção da realidade que influenciam nossa forma de pensar sobre a vida, e é extremamente complicado imaginar um mundo que subtraia dessa realidade.

Cada vez que nos deslocamos de um ponto a outro estamos de alguma forma reforçando nossos conceitos de espaço e tempo. É a distância de deslocamento que estamos percorrendo e o tempo necessário para percorrê-lo. O simples fato de pegarmos algum objeto nos fortifica do conceito de matéria. A matéria do objeto e a nossa própria matéria corporal quando utilizamos as mãos para pegá-lo.

Como vamos a partir de agora mudar a consciência de todos na alegação de que não há espaço entre duas matérias distintas, e que não existe a matéria da forma como concebemos e que a noção de distinto não tem base na realidade quântica?

Quando abordamos as pessoas com esse tema elas tentam relacionar o assunto com alguma forma conhecida e isso lhes traz uma verdadeira confusão mental e intelectual. Mas não se preocupe, nem mesmos os físicos estão certos do que tudo isso significa em sua plenitude.

Essa neblina no conhecimento é a incerteza à qual se refere o Princípio da Incerteza de Heisenberg, e substitui o velho determinismo newtoniano em que tudo da realidade física é fixo, determinável e mensurável. Hoje trocamos esse conceito por um vasto "vazio" onde nada é fixo, nem mensurável e onde tudo permanece indeterminado, algo fantasmagórico e sempre além de nossa percepção.

O próprio Heisenberg e Niels Bohr argumentaram que a realidade fundamental em si é essencialmente indeterminada, que não há "algo" nítido e fixo subjacente a nossa existência diária que possa ser conhecido. Tudo da realidade é e continua sendo uma questão de probabilidades.

Um elétron pode ser uma onda, pode ser uma partícula, pode estar aqui agora, pode desaparecer e reaparecer em outro local, pode voltar ao tempo. Tudo pode acontecer.

Max Planck provou que toda energia é irradiada em pacotes individuais chamados de "quanta" (Já falamos dos quantuns aqui), em contraponto ao conceito de correntes fluidas. O conhecimento dos "saltos quânticos" surgiu quando Niels Bohr demonstrou que os elétrons pulam de um estado energético a outro por meio de saltos quânticos descontínuos, ou sejam, desaparecem em sua camada original e reaparecem na sua próxima camada após receberem ou liberarem uma determinada quatidade de quanta de energia.

Mas para onde o elétron foi durante esse salto?

A nossa visão da realidade nos traz a aceitação do movimento instantâneo à distância ou a não localidade, como é chamado esse "percurso" feito pelo elétron ou pela comunicação entre duas partículas correlacionadas como sendo uma visão mística, pois ela afronta o bom senso e a física clássica. Nós fomos doutrinados a entender que pela teoria da relatividade, nenhuma causa (ou sinal) é capaz de viajar de um pedaço da realidade para afetar outro mais rapidamente que a velocidade da luz. Assim qualquer idéia de influência instantânea deviria estar fora de cogitação. O próprio Einstein chamava esse fenômeno de "fantasmagórico" e tentou provar que essa comunicação não era possível, até o dia em que John Bell comprovou a correlação quântica com pares de fótons no qual sua experiência ficou conhecida como Teorema de Bell.

Voltando a falar de realidade, que realidade é essa? Conforme uma famosa teoria da física quântica, o comportamento de uma partícula altera-se dependendo se há ou não um observador.

Isso sugere que a realidade é um tipo de ilusão que só existe quando estamos olhando e inúmeros experimentos quânticos foram realizados no passado e mostraram que de fato é bem isso que acontece.

E AGORA?

Recentemente, físicos da Universidade Nacional da Austrália descobriram mais provas da natureza ilusória da realidade. Eles recriaram o Experimento da Escolha Retardada de John Wheeler e confirmaram que a realidade não existe até que seja mensurada, pelo menos em uma escala atômica.

Algumas partículas, como os fótons e ou elétrons, podem se comportar tanto como partículas quanto como ondas e é isso que o experimento de Wheeler pergunta: em que momento que o objeto "decide"?

Os resultados do experimento dos cientistas australianos, que foram publicados na Revista Nature Physics, mostraram que a escolha é determinada pela maneira que o objeto é mensurado, o que está de acordo com o que prevê a teoria quântica.

"Isso prova que a mensuração é tudo. No nível quântico, a realidade não existe se você não está olhando", afirmou o pesquisador-chefe Dr. Andrew Truscott, em nota à imprensa.

Quando John Wheeler propôs em 1978 o seu experimento, este envolvia feixes de luz sendo refletidos por espelhos. Contudo, era difícil implementá-lo e conseguir quaisquer resultados conclusivos devido ao nível do progresso tecnológico da época, porém hoje tornou-se possível recriar o

---

9 *Artigo traduzido do site The Mind Unleashed. (http://themindunleashed.com/2015/06/new-mind-blowing-experiment-confirms-that-reality-doesnt-exist-if-you-are-not-looking-at-it.html)

experimento com sucesso usando átomos de hélio lançados por raios laser.

[9]A equipe do Dr. Truscott forçou cem átomos de hélio a entrarem em um estado da matéria chamado condensado de Bose-Einstein. Depois disso, eles "expurgaram" todos os átomos até que restasse apenas um.

Em seguida, os pesquisadores usaram um par de raios laser para lançar os átomos através de duas fendas estreitas para criar um padrão de grades verticais do outro lado, assim como a luz projetada por entre duas fendas verticais estreitas emite feixes de luz em formato de barras. Logo, o átomo ou iria agir como partícula e passar por uma das fendas, ou agir como onda e passar por entre as duas fendas.

Graças a um gerador de números aleatórios, uma segunda placa com fendas era então adicionada aleatoriamente para recombinar os percursos dos átomos. Isso era feito somente depois do átomo já ter passado pela primeira fenda.

Como resultado, acrescentar a segunda placa causou interferência na mensuração, mostrando que o átomo tinha viajado por dois caminhos, logo, comportando-se como uma onda. Ao mesmo tempo, quando a segunda placa com fendas não era acrescentada, não havia interferência e o átomo parecia ter viajado por apenas um caminho.

Como a segunda placa com fendas foi adicionada somente depois de o átomo ter passado pela primeira placa, seria razoável supor que o átomo não tinha "decidido" ainda se ele era uma partícula ou uma onda antes da segunda mensuração.

De acordo com o Dr. Truscott, pode haver duas interpretações possíveis para esses resultados. Ou o átomo "decidiu" como se comportar com base na mensuração ou a mensuração posterior afetou o passado do fóton.

"Os átomos não viajaram de A até B. Foi só quando houve uma mensuração ao final do percurso que o comportamento de onda ou o comportamento de partícula foi trazido à existência", disse ele.

Portanto, esse experimento corrobora a validade da teoria quântica e fornece novas evidências para a ideia de que a realidade não existe sem um observador.

> "Se você não está profundamente chocado com a mecânica quântica, você ainda não a entendeu".
>
> Niels Bohr

A base da ciência considera o observador não somente a pessoa que está observando, o momento físico da observação, mas a presença da consciência na observação. A consciência humana é a responsável pela mudança de estado da partícula.

E onde está localizada nossa consciência? Novos estudos falam que ela se encontra nos impulsos eletromagnéticos das sinapses dos neurônios. Pelo menos é o que diz os estudos iniciais do professor Johnjoe McFadden, da Universidade de Surrey, na Inglaterra que é PhD em bioquímica pela universidade britânica Imperial College e já colaborou na produção de mais de dez livros e tem mais de 100 trabalhos científicos publicados.

A hipótese científica de McFadden foi publicada no periódico Neuroscience of Consciousness. "Como a matéria cerebral se torna consciente e consegue pensar é um mistério que tem sido ponderado por filósofos, teólogos, místicos e pessoas comuns por milênios. Eu acredito que esse mistério foi agora resolvido, e que a consciência é a experiência dos nervos se conectando ao campo eletromagnético autogerado do cérebro para conduzir o que chamamos de 'livre arbítrio' e nossas ações voluntárias", afirmou McFadden em comunicado.

Porém, recentemente foi descoberto que o nosso coração também possui neurônios. Nos últimos 20 anos, a neurociência tem avançado em pesquisas sobre o mapeamento do cérebro e suas funções.

Os estudos visão dois campos principais: - sua natureza localizacionista (estuda as regiões do cérebro e suas funções) e sua natureza distribucionista (estuda, em mapeamentos mais profundos, que todas as regiões do cérebro exercem atividade, para qualquer função).

E AGORA?

A teoria do cérebro trino, reptiliano, límbico e neocórtex descrito pelo neurocientista norte-americano Paul Maclean (1913-2007) é a mais consagrada quando se usa o campo do conceito localizacionista, nosso neocórtex, supra desenvolvido, é o que mais nos diferencia de todas as outras espécies de seres vivos. Tal evolução, deu origem, por exemplo, à escrita e à fala humana.

Embora nosso neocórtex seja nosso cérebro racional; o límbico, emocional; e o reptiliano, irracional, dentre estas três esferas neuro anatômicas, surpreendentemente, a que mais influencia na comunicação humana, segundo diversos estudos já realizados, é o cérebro reptiliano. Nesta região, encontram-se nossos medos, defesas, ataques, fome, sono, e tudo de mais primitivo que existe em nós, sobrepondo-se tudo que seja fundamental para nossa sobrevivência.

Quando falamos do conceito distribucionista, recentemente os estudos da neurociência, transcenderam os aspectos de nossas conexões cerebrais. Novas pesquisas mostram que existe, em termos de consciência, uma esfera ainda mais primitiva do que nosso cérebro reptiliano: nosso coração.

Uma verdadeira revolução começa a acontecer sobre os estudos médicos acerca do coração, tal como seu nível de consciência, através de seus neurônios e circuitos elétricos recém descobertos, e, ainda, sua conexão direta com o cérebro.

O Instituto de Matemática do Coração (HeartMath), analisa, meticulosa e profundamente as atividades de nosso coração, com objetivo de descobrir novas funções e influências que o órgão pode ter sobre o cérebro e sobre o corpo humano.

Já se sabe, através das mensurações do Instituto, que o coração tem cerca de 40 mil neurônios, e um impulso elétrico 60 vezes maior do que o do cérebro (mesmo com uma quantidade bem menor de neurônios). Tal circuito, gera um campo eletromagnético que pode ser até 5 mil vezes maior do que o do cérebro, o que corresponde a um campo de 4 a 5 metros de cumprimento, podendo estender-se ou ajustar-se com maior resiliência do que o campo cerebral.

O fato de termos uma menor quantidade de neurônios no coração, porém com uma capacidade de até 5mil vezes maior que o cérebro para emissão de ondas eletromagnéticas, podem mudar nosso conceito de relações humanas.

Se há neurônios no coração, e, ainda, campo eletromagnético, é natural que possamos imaginar que a neurotransmissão conhecida pela ciência entre cérebros, durante um diálogo humano, também acontece entre corações. Existe uma conexão talvez mais profunda entre os corações do que entre os cérebros humanos.

Sabemos que o cérebro não sente nada. O cérebro apenas pensa e manda o sinal eletromagnético para o corpo. O Corpo é que sente, incluindo o coração. Se o cérebro pensa, e envia ondas eletromagnéticas para o corpo, que, por sua vez, sente, sendo assim, um dos objetivos dos pesquisadores é descobrir o quanto o coração serve como intermediador, entre o pensar e o sentir de nosso organismo.

O cérebro manda um sinal. O coração reage. Um susto, uma notícia ou encontro inesperado, um momento de raiva. O coração acelera, reduz seu ritmo ou parece estar partindo ao meio.

Mas será que o contrário também pode ocorrer? Nosso coração seria capaz de "conversar" com o cérebro?

Estudos recentes apontam que eles estão muito mais conectados do que imaginamos e a comunicação entre os dois é uma via dinâmica, de mão dupla e contínua, de modo que cada um dos órgãos exerce influência na função do outro.

Um depende do outro, ou seja, se um adoece ou falha, os outros podem acabar afetados. As descobertas atuais indicam que, além de ser uma bomba fundamental para o funcionamento do corpo, o coração também exerce a função de enviar informações e estímulos de forma constante, ativando ou inibindo diversas áreas cerebrais, segundo as necessidades do organismo. É como se ele também pudesse sentir, pensar e decidir.

Esta inter-relação fez com que pesquisadores juntassem forças em uma área de mútuo interesse, iniciando assim a disciplina da neuro-cardiologia.

Então será que o coração também tem "cérebro"? Especialistas da Thomas Jefferson University (EUA), mapearam pela primeira vez os neurônios de um coração humano e os recriaram em 3D, com isso puderam revelar que o coração tem sua própria rede neuronal, complexa e suficientemente extensa, que pode ser caracterizada como o "cérebro" do coração (heart-brain).

Esse sistema nervoso do coração, possui neurotransmissores, proteínas e células de apoio, com memória de curto e longo prazo e pode operar, independentemente do comando do sistema nervoso central.

Com base nesta e outras investigações recém-divulgadas, entendemos então que o coração se comunica com o cérebro por quatro vias: neurologicamente (através da transferência de impulsos nervosos), por via bioquímica (por hormônios e neurotransmissores), por via biofísica (através de ondas de pressão) e energeticamente (por meio de interações de campos eletromagnéticos).

"Todo o nosso conhecimento
se inicia com sentimentos."

Leonardo da Vinci

O fato de criarmos nossa tela mental do que queremos cocriar nos faz uso principalmente do nosso cérebro ou dos impulsos eletromagnéticos obtidos através dos impulsos elétricos dos nossos neurônios.

E AGORA?

Agora podemos adicionar a essa fórmula o sentimento. O sentir que é característica do coração potencializa essa emissão de ondas. Por esse motivo que é necessário que tenhamos uma maior qualidade de detalhes em nossa imaginação para que possamos realmente sentir dentro do nosso coração aquele fato como real. Falaremos com mais detalhes sobre esse assunto mais a frente, quando teremos uma nova abordagem, mais descritiva da metodologia que criei para a cocriação.

Agora podemos nos aprofundar no que podemos fazer com todo esse conhecimento. Porém antes gostaria de apresentar um experimento feito com a utilização de nosso DNA que pode nos dar uma real dimensão do poder de nosso "coração" na comunicação entre pessoas.

E AGORA?

E AGORA?

EXPERIMENTO DO DNA E A COMUNICAÇÃO DO SENTIMENTO

E AGORA?

E AGORA?

Estudos científicos atualmente já foram capazes de criar equipamentos capazes de transformar os impulsos elétricos produzidos por nosso cérebro em textos, imagens e até comunicação entre pessoas.

Após termos estudado anteriormente que o nosso coração é provido de neurônios e que emitem ondas eletromagnéticas, podemos agora falar da comunicação dele, através do sentimento, à distância.

Existe um experimento realizado que comprova como as emoções mudam o nosso DNA. Sabemos que as emoções antecedem aos nossos pensamentos, ou seja, após sentirmos geramos pensamentos e consequentemente impulsos elétricos de determinada frequência. Daí a importância primordial de SENTIR o que se deseja como já tendo sido realizado.

Esse experimento foi realizado de três etapas, cada uma com maior grau de "dificuldade". Vamos a eles:

[10]EXPERIMENTO 1

O primeiro experimento foi realizado pelo Dr. Vladimir Poponin, um biólogo quântico. Nessa experiência começou-se por esvaziar um recipiente (quer dizer que se criou um vazio em seu interior) e o único elemento deixado dentro foram fótons (partículas de luz). Foi medida a distribuição desses fótons e

---

[10] Fonte original: http://www.greggbraden.com/

descobriu-se que estavam distribuídos aleatoriamente dentro desse recipiente.

Lembrem do que falamos da dualidade das partículas. Os fótons são partículas que se comportam de forma corpuscular quando estamos interagindo com elas.

Portanto a distribuição aleatória desses fótons era o resultado esperado. Então foi colocada dentro do recipiente uma amostra de DNA e a localização dos fótons foi medida novamente. Dessa vez os fótons haviam se organizado em linha com o DNA. Em outras palavras, o DNA físico produziu um efeito nos fótons não-físicos.

Depois disso, a amostra de DNA foi removida do recipiente e a distribuição dos fótons foi medida novamente. Os fótons permaneceram ordenados e alinhados onde havia estado o DNA. Em que estão conectadas as partículas de luz?

Gregg Braden diz que estamos impelidos a aceitar a possibilidade de que exista um novo campo de energia e que o DNA está se comunicando com os fótons por meio desse campo.

EXPERIMENTO 2

Esse experimento foi levado a cabo pelos militares. Foram recolhidas amostras de leucócitos (células sanguíneas brancas) de um número de doadores. Essas amostras foram colocadas em um local equipado com um aparelho de medição das mudanças elétricas. Nessa experiência, o doador era colocado em um local e submetido a "estímulos emocionais" provenientes de videoclipes que geravam emoções ao doador. O DNA era colocado em um lugar diferente do que se encontrava o doador, mas no mesmo edifício.

Ambos, doador e seu DNA, eram monitorados e quando o doador mostrava seus altos e baixos emocionais (medidos em ondas elétricas) o DNA expressava respostas idênticas e ao mesmo tempo. Não houve lapso e retardo de tempo de transmissão.

Os altos e baixos do DNA coincidiram exatamente com os altos e baixos do doador.

Os militares queriam saber o quão distantes podiam ser separados o doador e seu DNA e continuaram observando este efeito. Pararam de experimentar quando a separação atingiu 80 quilômetros entre o DNA e seu doador e continuaram tendo o mesmo resultado. Sem lapso e sem retardo de transmissão. O DNA e o doador tiveram as mesmas respostas ao mesmo tempo. Que significa isso?

Gregg Braden diz que as células vivas se reconhecem por uma forma de energia não reconhecida anteriormente. Essa energia não é afetada pela distância e nem pelo tempo. Essa não é uma forma de energia localizada, é uma energia que existe em todas as partes e todo o tempo.

EXPERIMENTO 3

O terceiro experimento foi realizado pelo Instituto Heart Math e o documento que lhe dá suporte tem este título: Efeitos locais e não locais de frequências coerentes do coração e alterações na conformação do DNA.

Esse experimento relaciona-se diretamente com a situação com o antrax. Nesse experimento tomou-se o DNA de placenta humana (a forma mais prístina de DNA) e colocou-se em um recipiente onde se podia medir suas alterações.

Um total de 28 amostras foram distribuídas, em tubos de ensaio, ao mesmo número de pesquisadores previamente treinados. Cada pesquisador havia sido treinado a gerar e SENTIR sentimentos, e cada um deles podia ter fortes emoções. O que se descobriu foi que o DNA mudou de forma de acordo com os sentimentos dos pesquisadores.

Quando os pesquisadores sentiram gratidão, amor e apreço, o DNA respondeu relaxando-se e seus filamentos esticando-se. O DNA tornou-se mais grosso.

Quando os pesquisadores sentiram raiva, medo ou stress, o DNA respondeu apertando-se. Tornou-se mais curto e apagou muitos códigos.

Os códigos de DNA conectaram-se novamente quando os pesquisadores tiveram sentimentos de amor, alegria, gratidão e apreço.

E AGORA?

Essas alterações emocionais foram mais além de seus efeitos eletromagnéticos, mostrando que as emoções mudam o DNA.

Os indivíduos treinados para sentir amor profundo foram capazes de mudar a forma de seu DNA.

Gregg Braden diz que isso ilustra uma nova forma de energia que conecta toda a criação.

Essa energia parece ser uma rede estreitamente tecida que conecta toda a matéria às emoções. Podemos influenciar essencialmente essa rede de criação por meio de nossas vibrações emocionais.

> "Confia no senhor de todo o teu coração, e não te estribes no teu próprio entendimento. Reconhece-o em todos os teus caminhos, e ele endireitará as tuas veredas."
>
> Provérbios 3:5,6

Essa é a ciência que nos permite escolher uma linha de tempo que nos permite estar a salvo, não importa o que aconteça. O tempo não é apenas linear (passado, presente e futuro) mas também é profundidade. A profundidade do tempo consiste em todas as linhas de tempo e de oração que possam ser pronunciadas ou que existam.

Essencialmente, suas orações já foram respondidas. Simplesmente ativamos o que estamos vivendo por meio de nossos SENTIMENTOS.

É assim que criamos nossa realidade, ao escolhermos com nossos sentimentos, mudamos nosso DNA.

> "O corpo humano é a carruagem.
>
> Eu, o homem que a conduz.
>
> O pensamento, as rédeas.
>
> Os sentimentos, os cavalos."
>
> Platão

Nossos sentimentos estão ativando a linha do tempo por meio da rede de criação, que conecta a energia e a matéria do universo. Lembre-se que pela Lei do Universo atraímos aquilo que colocamos em nosso foco, aquele sentimento que estamos emitindo. Se você focar ou sente temor de qualquer coisa, seja lá o que for, estará enviando uma forte mensagem ao Universo para que te envie aquilo a que você mais teme.

E AGORA?

Em troca, se você puder se manter com sentimentos de alegria, amor, apreço ou gratidão e focar-se em trazer mais disso para sua vida, automaticamente conseguirá afastar o negativo. Com isso, você estaria escolhendo uma linha de tempo diferente com esses sentimentos.

Temos aqui o princípio básico da cocriação. Quando falamos que somos antenas de emissão de ondas eletromagnéticas, quando falamos que atraímos o que estamos emitindo de sentimentos e vibrações, na verdade estamos falando da cocriação de tudo o que somos capazes de pensar, imaginar, sentir, agradecer e repartir.

E AGORA?

E AGORA?

EVOLUINDO COM O MÉTODO P.I.S.A.R.

E AGORA?

E AGORA?

> Eu lhe mostro a porta, mas é você que tem que atravessá-la.
>
> Matrix

Primeiramente para que possamos atingir os nossos objetivos é necessário que tenhamos uma consciência quântica e começarmos a agir conforme os conhecimentos abordados até agora.

Em resumo falamos sobre os experimentos quânticos desde a existência do quantum, falamos da complementariedade, da função e do colapso de onda através da participação de uma consciência, do efeito não local, onde inclusive falamos de uma experiência intrigante do DNA e por último da correlação quântica.

Para que todo esse conhecimento seja utilizado em nossas vidas é primordial tirarmos de nossa frente as crenças limitantes que nos tiram o foco desse novo conhecimento.

> "Só há um tempo em que é fundamental despertar. Esse tempo é agora."
>
> Buda

Para iniciarmos os estudos sobre a metodologia PISAR precisamos que fundamentalmente a compreensão do princípio da dualidade da partícula esteja bem entendido e aceito conscientemente por cada um.

Entendido isso, o primeiro passo será o processo de eliminação de nossas crenças limitantes.

Para eliminarmos as crenças que nos atrapalham no dia a dia temos que ter a percepção de que nada é imutável e que atitudes ou situações que porventura você tenha enfrentado no passado não determinam como será o seu futuro. Você é capaz de cocriar a sua realidade.

Essa percepção deriva da própria existência da partícula e sua indeterminabilidade. Pelo Princípio da Incerteza de Heisenberg enquanto não observamos a partícula, existe uma infinidade de possibilidades de onde ela possa surgir.

O mesmo vale para as situações em nossas vidas. Enquanto não definirmos o que realmente queremos que aconteça, infinitas possibilidades podem ocorrer. Essa é a característica que devemos embutir em nossas mentes.

Então antes de enfrentar qualquer situação na sua vida no dia a dia, a primeira coisa que deve fazer é aquietar a mente, fechar os olhos, respirar calma e profundamente e pensar sobre o que você está passando. Qual é essa situação e o que você quer que aconteça?

E AGORA?

Depois de pensar sobre sua atual situação, imagine agora tudo acontecendo da forma como você desejaria que acontecesse. Imagine com uma riqueza de detalhes na qual, essa imagem, possa ser enviada ao universo de uma forma incontestável. Essa será a sua função de onda, com forma estabelecida e características possíveis definidas que vagarão pelo universo.

Visualize-se você dentro desse imaginário, participando da situação desejada e criando como se fosse um roteiro da sua vida. Você é o personagem principal desse filme. Não se preocupe como você estará visualizando esse filme. Você poderá ser um expectador externo que visualiza você dentro do filme, e pra isso você tem que se ver, ou seja, suas principais características de roupa, estética corporal e tudo o mais que te define tem que ser o mais realista possível. Ou poderá visualizar na 1ª. pessoa, ou seja, o filme se passa através dos seus olhos, onde você está dentro do filme. Podemos chamar essas duas formas de visualização como sendo de 3ªa. ou 1ª. pessoa.

A esse processo de visualização ou idealização do que se quer que aconteça podemos chamar de Realidade Mental Aumentada (RMA).

Resumindo, imaginar em primeira pessoa é como se você estivesse vendo pelos próprios olhos a situação acontecendo. Visualizar em terceira pessoa, é você se ver no ambiente como se fosse um observador externo que estaria assistindo ao filme.

E AGORA?

Você poderá passar por momentos de aflição durante a visualização, pois você estará enfrentando suas maiores crenças. É preciso que continue no processo de criação da RMA durante alguns dias. Isso fortalecerá em sua mente uma nova realidade e trará para você após esse período, uma sensação de conforto e enfrentamento que automaticamente será levado para o mundo real na próxima vez que você passar pela mesma situação.

Obviamente antes de qualquer limpeza das crenças é necessário que cada um primeiro reconheça quais crenças possuem. Esse processo é um pouco complicado porque como as crenças estão enraizadas em nosso mais profundo subconsciente, para nós cada situação se comporta como a verdadeira, então a princípio somos incapazes de reconhece-las.

Uma boa maneira de começar a descobrir as próprias crenças é conversar com as pessoas próximas da família, aquelas que você ama e se sente amado e conversar sobre algumas situações cotidianas.

Dessa forma você terá a oportunidade de confrontar opiniões diversas à sua e começar a entender que podem haver outras possibilidades além das que você está acostumado a reagir diante dos fatos.

Feito esse processo de "limpeza" é necessário que a pessoa entenda que a metodologia P.I.S.A.R. está fundamentada principalmente no entendimento das infinitas possibilidades, nas correlações quânticas e no colapso da função de onda, das quais provocamos através de nossos pensamentos.

E AGORA?

Algumas pessoas tem me abordado e me questionado sobre o entendimento de cada passo da metodologia. Porque, como foram definidos e qual a VERDADE por trás de cada um.

De início achei estranho esse questionamento, principalmente depois de ter recebido destas mesmas pessoas a confirmação da eficiência da metodologia, pois grande parte deles alcançaram seus objetivos cocriando suas novas realidades.

Porque falo grande parte. É obvio que o questionamento feito com relação aos passos já é uma comprovação da dúvida ainda inserida em suas mentes. A dúvida é o princípio da incredulidade e da interrupção do processo de colapso da função de onda.

Lembre-se que quando você não acredita, isso confirma ainda mais suas crenças antigas e tira o foco do que você realmente quer cocriar, pois você estará emitindo para o universo além de uma frequência baixa daquilo que você quer, você também está dividindo sua criação em duas situações distintas, anulando-se ou diminuindo a força de suas ondas atrasando o processo de cocriação.

Portanto, como já falei anteriormente o primeiro passo para se atingir ao máximo o poder de sua cocriação é o entendimento da dualidade da partícula e do conhecimento do mundo das possibilidades infinitas determinadas pelo Princípio da Incerteza de Heisenberg. Quando você estuda o assunto e percebe que a dualidade é algo real e não se trata de misticismo ou de conhecimento empírico, o processo torna-se mais fácil.

E AGORA?

Por diversas vezes tentei encontrar palavras ou definições que pudessem provar o conhecimento já adquirido e a realidade das descobertas, porém a única maneira, digamos assim, mais perfeita para se transmitir o conhecimento da cocriação é simplesmente se aprofundando nos estudos da física quântica ou tendo a "fé", acreditando no que muitos estudiosos estão transmitindo e utilizando de metodologias para ter a verdadeira experiência em suas vidas.

> Desde o ano de 1805 a ciência já sabe da dualidade das partículas, e você ainda acredita que não podemos cocriar. Você sabe porquê?
>
> Você Tem duas opções:
>
> -Acreditar e passar a agir;
>
> - Continuar aguardando a vida passar.
>
> Ricardo Mattos

Passado o "processo" de percepção, interiorização e aceitação dos fatos descobertos sobre a dualidade, é preciso que se explique cada passo da metodologia P.I.S.A.R. que foi criada com base em muita pesquisa, conhecimento e na utilização dos conceitos físicos adquiridos.

O primeiro passo é o PENSAR. Muitos me perguntam se o "P" não seria mais certo se fosse utilizado para Pedir. Afinal, nós estamos querendo cocriar alguma coisa que gostaríamos de ter.

E é aí onde mora o grande perigo e o maior erro acometido pelas pessoas na prática da cocriação. Quando estamos pedindo alguma coisa, estamos afirmando que aquilo que queremos ainda não temos, ou seja, temos uma carência do que se deseja.

Essa carência é a vibração que será emitida. Será a onda que será colapsada e trará até você todas as coisas, pessoas e o que mais for necessário para que aconteça mais carência em sua vida.

Se estamos com problemas de relacionamento, se queremos aquela pessoa do nosso lado, não podemos emitir a onda da falta dela. Não podemos emitir a vibração da saudade. Pelo contrário, a principal maneira de atrair alguém é imaginar-se em situações agradáveis com essa pessoa. Fazer a visualização de algum momento que você já tenha passado ou que gostaria de passar com ela sempre lembrando da riqueza de detalhes de sua RMA (Realidade Mental Aumentada).

E AGORA?

Vale levantar uma questão nos processos que envolvam outras pessoas diretamente e que precisamos deixar bem claro aqui.

Quando estamos inserindo pessoas específicas em nossos desejos, temos que ter em mente que a outra pessoa também é possuidora de uma consciência cocriativa, esteja ela consciente disso ou não. Então, se esta pessoa está com pensamento divergentes do seu, pois existe o livre arbítrio para todos, você terá maior dificuldades de conseguir atraí-la ou até mesmo poderá ser impossível dependendo das ondas que ela esteja emitindo.

Para exemplificar isso de forma matemática (não consigo abandonar minhas raízes da engenharia) a figura 1 mostra o que poderia acontecer no caso de uma soma de interesses quando as duas pessoas estão na mesma vibração de desejos ou não.

Imaginem você e a outra pessoa sendo dois vetores (setas) num plano cartesiano, representando o sentido que querem dar em suas vidas ou o caminho que desejam seguir. Quando os vetores estão com um menor ângulo entre os alinhamentos de pensamento, a força de cocriação é aumentada, a onda emitida por você e a onda emitida pelo outro são potencializadas, pois são como ondas de um lago que tem o encontro de dois picos, quando estão em "sentidos" opostos, ou quanto maior o ângulo em ter os alinhamentos de pensamento, essas ondas se anulam, são os vales de uma onda em interferência com o pico da onda do outro. No meio do caminho o máximo que se tem é uma resultante que poderá trazê-lo mais próximo de você, porém não conseguirá que seja de forma "completa".

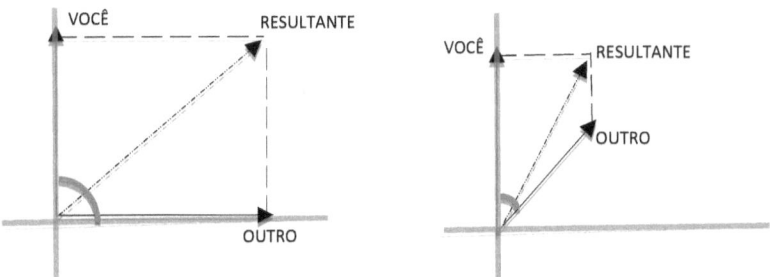

FIGURA 1. - QUANTO MAIOR A DIREÇÃO OPOSTA DAS MENTES MAIS DIFÍCIL DE SE APROXIMAR AS PESSOAS

Um outro exemplo e bem procurado por todos é a prosperidade financeira. Muitas pessoas pensam em ter dinheiro e pedem todos os dias que recebam dinheiro inesperadamente.

Quando pedimos dinheiro estamos emitindo a vibração da falta dele. Temos carência de dinheiro e por isso estamos pedindo. O que vai acontecer? Virá mais carência de dinheiro. Se você montar um negócio ou quiser uma promoção tão esperada o mais provável que apode acontecer é que seu negócio não vai fluir e/ou sua promoção nunca virá, podendo até mesmo ser demitido e ter mais carência de dinheiro.

Então o "P" nunca poderá ser de PEDIR e sim de PENSAR. Você deve pensar no que realmente é importante pra você, seja o dinheiro, o relacionamento ou qualquer outra coisa que te fará mais feliz.

E AGORA?

O ato de PENSAR é a entrada para a cocriação, pois a partir da definição do que se quer é que serão geradas as imagens da sua RMA e formarão as ondas eletromagnéticas necessárias para serem colapsadas.

Alguns autores indicam afirmações positivas na hora de pensar na cocriação. Declarações como "sou rico" fazem com que você crie um conflito na sua mente, pois o consciente sabe que essa expressão não é verdadeira no momento presente, o que não seria problema, mas que suas crenças na possibilidade de se tornar um o limitam de aceitar o fato.

Lembre-se que ao pensar, você deve estar certo que aquilo é verdadeiro pra você. Que não há limitações no seu pensar. Por isso as crenças limitantes devem ser primeiramente retiradas da sua frente. É o pensamento verdadeiro, sem dúvida ou conflito que será enviado.

> "E, se algum de vós tem falta de sabedoria, peça-a a deus, que a todos dá liberalmente, e o não lança em rosto, e ser-lhe-á dada.
>
> Peça-a, porém, com fé, em nada duvidando; porque o que duvida é semelhante à onda do mar, que é levada pelo vento, e lançada de uma para outra

> parte.
>
> Não pense tal homem que receberá do senhor alguma coisa.
>
> O homem de coração dobre é inconstante em todos os seus caminhos."
>
> Tiago 1:5-8

Thiago em suas escrituras bíblicas já transmitia a todos da sua época as palavras de Cristo sobre o poder de pensar. O pensamento deve estar limpo de qualquer dúvida.

O pensamento deve ser verdadeiro e por incrível que pareça é muito difícil definir o que realmente se quer, pois para cada situação há consequências que envolvem na cocriação dos seus desejos. Se estamos pensando em prosperidade financeira, deve estar ciente de todas as possibilidades que podem vir junto com isso, como por exemplo estar mais exposto a situações de risco de roubo, sequestro ou coisas parecidas que principalmente no Brasil nos dias de hoje é muito forte.

Se estamos pensando no retorno da pessoa amada, temos que pensar na possibilidade de vir da outra parte uma necessidade ou exigência que você tenha que mudar em alguma coisa e você precisa estar preparado para isso. Você será capaz de mudar algum comportamento que anteriormente era mal visto pela pessoa que você está querendo atrair?

Então antes de desejar alguma coisa, pense com bastante profundidade no que virá junto com a sua cocriação, será que você estará preparado e pronto para participar das cocriações que virão em conjunto? É de se PENSAR bastante antes de iniciar a cocriação.

> "O que somos é consequência do que pensamos."
>
> Buda

Depois de termos definidos o que queremos, depois de termos pensado calmamente no que nos fará mais realizado é chegada a hora de IDEALIZAR.

A própria palavra já nos dar uma pista do que fazer. Idealizar é pensar de forma ideal. Imaginar de maneira perfeita.

Esse segundo passo nos dará todas as ferramentas necessárias para potencializar o próximo passo, pois quando criamos algo na nossa mente de forma ideal, de forma perfeita, estamos criando a "massa" para a nossa cocriação, ou seja, estaremos definindo dentro de todas as possibilidades possíveis aquela que queremos que aconteça. É o processo de observação, a mente do observador agindo sobre as ondas para se criar o que se deseja. Onda ou partícula? Você decide.

No universo já existe todas as coisas. Tudo está no seu ambiente energético. Apenas precisamos ter acesso. E o acesso vem das frequências emitidas por nós, como as antenas de transmissão que falamos. Quanto maior a riqueza de detalhes que emitimos, maior a nossa capacidade de "materializar" o nosso desejo. Maior será a perfeição da nossa cocriação. O Universo receberá aquela informação e devolverá na mesma frequência, pois somente essa frequência será recebida por nós. Pois recebemos somente o que emitidos como antenas de transmissão.

> Ó tu que ouves as orações, a ti virá toda a carne.
>
> Salmos 65:2

Portanto dentro de todos os pensamentos que passamos no processo anterior é hora de idealizar o seu desejo dentro de uma situação "real". É hora de usar a RMA ao máximo. É a hora de definir como e onde a partícula deve aparecer.

Imaginemos, por exemplo, que o desejo de uma pessoa seja a sua casa própria. Ele deve ter em sua mente qual seria a sua casa ideal, sua casa perfeita.

E AGORA?

No seu processo de RMA imagine-se dentro da casa e olhe para todos os cantos e lados e detalhes que você gostaria de ter em sua casa. Os aparelhos eletrônicos e eletrodomésticos, a mobília, definindo as cores e tipos. A iluminação de cada ambiente, as cores das paredes e até de quadros que podem estar colocados nas paredes. Ande pela casa. Se tiver pavimento superior, suba as escadas e olhe para os seus pés subindo a escada. Olhe para trás e veja o ambiente inferior ficando mais abaixo e retome os olhos para frete e veja o fim da escada chegando.

Como são esses degraus da escada que você tanto deseja? De madeira, de vidro, em concreto? Detalhe cada coisa que está ao seu redor. Perceba que sua imaginação está acessando informações já existentes no universo. Esse ambiente já existe, por esse motivo você é capaz de imaginá-lo, mesmo ainda não estando nele. Ou será que já estivemos?

Entre nos quartos da casa e no seu quarto. Deite-se na cama e olhe para os lados e veja o que enxerga. A porta da suíte e a porta do closet? Entre no seu closet e visualize suas roupas.

Esse exercício que estou fazendo é para te mostrar como é grande a gama de detalhes que podemos idealizar no nosso desejo. Se você é capaz de imaginar é porque já existe. Em algum lugar indeterminado, a onda dessa realidade já existe e está aguardando apenas você para ser colapsada.

E AGORA?

> A imaginação é mais importante que o conhecimento.
>
> Albert Einstein

O universo está em todos os lugares, no seu entorno, no "vazio" ao seu lado, sobre e abaixo de você. Ele é onipresente.

> "A Matrix está em todo lugar. É tudo que nos rodeia. Mesmo agora, nesta sala. Você pode vê-la quando olha pela janela, ou quando você ligar sua televisão. Você pode sentir isso quando você vai para o trabalho, quando você vai à igreja, quando paga seus impostos. É o mundo que foi colocado diante dos seus olhos para cegá-lo da verdade."
>
> Filme Matrix

Lembre-se que o observador colapsa a função de onda e a partícula irá tomar a forma conforme a consciência deste.

E AGORA?

Quando estamos pensando de forma ideal, estamos fazendo o papel do observador e através de nossa consciência informando à onda de que forma ela deve se comportar.

Novamente, faço questão de deixar bem claro aqui que o colapsar da onda que falamos nos nossos desejos não é o mesmo colapsar de uma onda transformando-a em partícula, ou seja, de forma corpuscular. As ondas que emitimos são as mesmas ondas eletromagnéticas que colapsaram no experimento, porém a matéria não aparecerá instantaneamente à sua frente como num passe de mágica, pelo menos em nosso nível mental atual, porém os fatos necessários para que você venha a receber o que imaginou, esse sim será trazido até você.

Quando você pensou na casa, os fornecedores de eletrodomésticos e eletrônicos estão querendo vender seus produtos. O dono do terreno ou o construtor de uma casa está desejando construí-la da forma como você imaginou ou bem próximo disso.

O corretor de imóveis está à procura de um dono para a casa que ele tanto quer vender.

É dessa forma que as coisas acontecem, o correlacionamento quântico funciona quer você queira ou não. Quando se está idealizando aquele momento, estamos entrando em ressonância com outras mentes através do entrelaçamento quântico. Sabemos que todos estamos interligados de alguma maneira, pois viemos do mesmo ponto.

E AGORA?

Já falamos aqui anteriormente sobre o experimento do DNA na comunicação do sentimento.

Nosso cérebro não consegue distinguir entre o que é real ou o que é imaginário quando este recebe uma "comunicação" do seu coração. Como também já falamos aqui, existe uma comunicação direta entre nosso coração e nosso cérebro. Os sentimentos criados pelo coração são capazes de emitir descargas eletromagnéticas até mais intensas que nosso cérebro. Daí a importância de sentirmos. Temos ondas mais fortes vindas do coração do que do nosso cérebro.

Passem alguns minutos de olhos fechados e visualizando o seu filme desde o início até o final de como quer que aconteça. Durante esse período, tente utilizar de seus sentidos para dar mais veracidade a sua imaginação.

Em toda e qualquer visualização é possível fazer uso dos cinco sentidos: audição, olfato, tato, paladar e visão. Tenho certeza que se você fechar seus olhos agora e imaginar uma xícara de café quente, será capaz de sentir o toque na xícara, a temperatura do café ao levá-lo à boca e até mesmo o cheiro. Isso porque seu cérebro já passou por situações semelhantes e nosso subconsciente não sabe distinguir entre o que é realidade e o que é imaginação.

Somando-se as percepções sensoriais, se incluirmos o sentimento de estar vivenciando aquele momento, nosso subconsciente vai estar "acreditando" que aquele fato é verdadeiro. Nosso coração irá disparar de alegria e toda uma química envolverá o nosso corpo. Com certeza você sairá de sua RMA com uma leveza muito grande.

Podemos então considerar o SENTIR de duas maneiras. Primeiro na forma da percepção sensorial do uso dos cinco sentidos através das informações transmitidas pelo nosso sistema nervoso central e comandada por nosso cérebro.

Nos exemplos colocados acima sobre o desejo de se ter a casa dos seus sonhos é necessário incluir esses sentidos na sua RMA.

Você pode se perguntar: Como podemos fazer isso? Simplesmente sinta o momento.

Respire o ar puro dentro de sua nova casa, toque nos objetos e perceba suas texturas e formas. Visualize todos os detalhes. Fique atento aos sons que são emitidos durante sua visita a sua casa. Se for uma casa de praia perceba ao fundo o som do oceano e de suas ondas. Se for uma casa de campo, olhe os pássaros que sobrevoam por perto e o cantar que eles emitem. Tudo é possível.

Se quiser usar o seu paladar para dar mais realidade ao seu filme mental, a sua RMA, idealize você e sua família abrindo um belo champagne ou tomando uma taça de vinho para comemorar a aquisição da nova casa e nesse momento sinta o sabor da bebida em sua boca.

Perceba que há diversas maneiras de sentir o momento e isso vai de cada um. Cada pessoa tem seus próprios desejos e suas próprias experiências e isso as tornam únicas e capazes de cocriarem suas realidades.

A principal motivação para que se possa primeiro pensar e idealizar seu desejo é porque para o sentir é necessário que não haja dúvida. A dúvida é a maior ação de auto sabotagem que podemos criar contra a nossa possibilidade de cocriação.

Para reforçar todo esse momento e dizer ao seu cérebro que aquilo tudo já é uma realidade em sua vida é necessário utilizarmos o quarto passo da metodologia P.I.S.A.R.

Descobrimos nos estudos mostrados que o nosso coração é possuidor de uma rede neural bem mais potente que o nosso próprio cérebro e a partir daí é que temos a segunda forma da percepção do sentimento. O agradecimento.

AGRADECER não é simples e puramente repetir a palavra sou grato ou repetir várias vezes obrigado sem o uso real do sentimento de gratidão.

Esse ato de gratidão verdadeira é capaz de mudar o mindset de seu cérebro e apagar as crenças limitadoras que você tanto gostaria de eliminá-las.

Quando você agradece, de CORAÇÃO, você faz uso de duas situações extremamente fortes para a cocriação.

A primeira delas é informar ao seu cérebro que aquela situação criada na RMA é verdadeira. Que aquilo existe. A situação é real e você está vivenciando aquele momento, e por este motivo está agradecendo os momentos vividos. Você transmite um sentimento de gratidão muito forte ao seu cérebro fazendo com que ele reconheça aquela "verdade" e colapse a função de onda criada.

O segundo é o fato de termos em nosso coração uma maior potencialização da emissão de nossas ondas eletromagnéticas da realidade criada através do sentimento de gratidão. Temos então duas fontes emissoras de ondas, cérebro e coração e o ato de agradecer colapsa essas ondas transformando-as em realidade, trazendo aquela situação do mundo das possibilidades para o mundo real.

Existe um experimento muito interessante que eu mesmo já testei várias e várias vezes e sempre deu certo. Claro que acima de tudo precisa ter a ausência de dúvida que é o ponto focal inicial de toda cocriação.

O experimento é assim: Da próxima vez que você sair em seu carro e normalmente no seu destino final você sempre tem dificuldade em estacionar seu carro, você fará a seguinte rotina. Antes de sair, faça uma RMA da sua vaga. Visualize você saindo de casa e chegando ao local determinado, e lá, num determinado ponto você visualiza a sua vaga te esperando. Lembre-se da riqueza de detalhes que deve utilizar na sua RMA e do uso do sentimento de gratidão por ter a sua vaga te esperando.

Tenho certeza que se você efetuar de forma correta, sem dúvida de que sua vaga está te esperando, a sua vaga vai estar lá ou na pior das hipóteses ao você chegar, alguém vai estar saindo de uma vaga para que você possa estacionar. É impressionante!!

> É fazendo que se aprende a
> fazer aquilo que se deve
> aprender a fazer.
>
> Aristóteles

Ao sentir isso, passamos da visão de apenas desconfiarmos que estamos só experimentando seja lá o que for para a perspectiva de sabermos que somos parte de tudo isso.

Se você tem certeza que seu desejo se realizou e até mesmo agradeceu por isso, por que não repartir com os demais.

> E, tomando o cálice, e
> havendo dado graças, disse:
> Tomai-o, e reparti-o entre vós;
>
> Lucas 22:17

O ato de REPARTIR é uma dádiva divina que temos por direito e dever de executar. É ato de amor, e amor é sentimento, é a maior força criadora de nossas vidas.

Quando repartimos estamos dando a outras pessoas o que elas porventura estão desejosas. Será que no ato de repartir não seria uma ação da correlação quântica de outras pessoas conosco e que nos levam a executar algo que trarão a elas os desejos pensados e idealizados?

Outra forma de entendermos o ato de repartir é quando saímos do prisma da matéria, das coisas físicas. Não precisamos repartir apenas coisas. Podemos repartir conhecimento.

Em todo o planeta percebemos que muitas pessoas ainda possuem ressalvas com relação a esse conhecimento. Muitos se perguntam, se esse conhecimento é verdadeiro. Porque não é utilizado por todos?

Justamente aí é que falta a contribuição daqueles que já entenderam a VERDADE da vida e já praticam em seu dia a dia. Acontece que existe interesses para que todo esse conhecimento não seja disseminado de forma rápida pelo fato de haver uma grande transformação na sociedade como um todo e consequentemente em toda a economia mundial.

Por isso que os grandes conglomerados da mídia não disseminam esse conhecimento e até as vezes bloqueiam para que não seja de conhecimento de todos.

Daí a nossa obrigação e parte do nosso processo de cocriação o ato de repartir conhecimento. Levar às outras pessoas o que está acobertado e que pode transformar suas vidas.

Já pensou no que poderia acontecer se todos soubessem e praticassem o entrelaçamento quântico? Se todos soubessem da

E AGORA?

nossa capacidade como observador de modificar a propriedade da partícula entre ondas e matéria?

E AGORA?

E AGORA?

AUTO-SABOTAGEM

E AGORA?

Porque será que mesmo as pessoas sabendo da possibilidade de poder alcançar todos os seus objetivos ainda não o alcançaram? Ou melhor, porque não se interessam em alcançar de forma efetiva?

O conhecimento das novas descobertas realizadas pela física e que comprovam nossa capacidade de cocriação já é difundido por muita gente das mais variadas formas, sejam em livros, vídeos, pelas redes sociais, curso e palestras, com vasto material de qualidade.

Acontece que o ser humano possui dois problemas cruciais que dificultam o interesse no aumento de seu conhecimento e aplicação de novas descobertas.

O primeiro problema é a desconfiança. Sempre que surge uma nova tecnologia como consequência de novos estudos e conhecimento adquirido por diversas pesquisas, normalmente grande parte das pessoas se deixam acreditar que não passa de mera força de oportunistas querendo distorcer alguns assuntos em prol do lucro próprio. É sabido que em todo lugar é possível de se encontrar esse tipo de gente que tenta ganhar dinheiro através da "ignorância" de boa parte da população, porém é muito mais comum que as diversas novas tecnologias são reais e surgiram através de muita pesquisa.

Foi assim desde os primórdios da humanidade, pelas invenções que aconteceram através de todos os anos e séculos.

A desconfiança normalmente está embasada no nosso histórico de informações recebidas durante nossa educação desde a infância até a nossa vida adulta.

As experiências vividas, as informações recebidas, os traumas vividos nos moldam a forma de perceber o novo. Somando-se a tudo isso temos a influência das grandes indústrias que promovem a desinformação para manipulação da sociedade de uma forma que os mantenham no topo.

Quando os padrões de desconfiança se tornam muito acentuados e atrapalham a vida da pessoa, a psicologia classifica essas alterações com o nome de Transtorno de Personalidade Paranoide (TPP), onde o indivíduo paranoide percebe a realidade de forma incorreta e atribui ao outro aquilo que existe verdadeiramente em si. Sentem-se vulneráveis em relação ao mundo e veem os outros como enganadores, malevolentes e manipuladores, podendo sentir raiva por qualquer forma de abuso percebida (Vasques & Abreu, 2011, citados por Schmidt & Méa, 2013)

O grande problema é que esse padrão de desconfiança excessivo, embora possa nos proteger de danos reais, também implica em consequências aversivas, como, por exemplo, altos níveis de ansiedade nas relações sociais e perda de oportunidades, como por exemplo aceitar novos conhecimentos.

Essas pessoas passam a ter uma sensação de que confiar é perigoso, pois as pessoas podem, de alguma forma, nos enganar e nos prejudicar. "Eu confio desconfiando", frase comumente dita por essas pessoas. Podemos dizer que grande parte das pessoas anda "armada" ou "em guarda" atualmente, ou seja, ficam em sinal de alerta para qualquer sinal de que podem estar sendo enganadas e tem enorme dificuldade de confiar verdadeiramente.

Uma das formas que podemos amenizar esse processo de desconfiança é a utilização da lógica. Devemos tentar deixar de lado a emoção que as vezes surge como um truque do cérebro nos fazendo ter reações altamente emocionais e querendo nos mostrar algo que não existe. Resumindo, temos que desconfiar da desconfiança e sermos mais racional nas nossas decisões.

É necessário que a cultura da busca da informação, que é próprio da natureza humana, seja algo realmente intrínseco em todos. Só assim, ao recebermos o que há de novo, podemos criar o caminho para a elevação do conhecimento e evolução de nossa espécie.

O outro problema encontrado é a autossabotagem. A autossabotagem é quando de forma consciente ou inconsciente nós criamos obstáculos e barreiras pra que façamos o que precisamos ou alcancemos nossos objetivos. Ela está ligada a uma forma de pensar negativa, e esse pensamento é algo que geralmente foi criado com o tempo.

A autossabotagem ocorre muitas vezes, quando a pessoa já sofreu tanto, já se acostumou a viver assim que quando surge a possibilidade de mudança tem receio de se permitir tentar, arriscar, ser feliz ou então, de somente tentar.

Arriscar sair do lugar pode ser aterrorizante, assim, o indivíduo começa a pensar que não adianta tentar, que seus planos não triunfarão e, sem perceber, se sabota, faz algo que certamente acarretará o fracasso e tudo pelo medo de ser feliz.

Por isso é fundamental que a pessoa envolvida em algum tipo de crença limitante, que chega ao ponto de influenciar suas decisões e atitudes diante de situações importantes, perceba a gravidade da situação e compreenda que este é um problema que deve ser tratado de forma séria e urgente.

Outra forma de auto sabotagem é a tendência do ser humano de permanecer na zona de conforto.

A zona de conforto está associada a um estado prazeroso de harmonia fisiológica, física e psicológica entre o ser humano e o ambiente. É uma tendência que as pessoas tem de evitar os medos, a ansiedade ou algum tipo de desgaste ou enfrentamento. Nesse estado tendemos a ficar num território onde podemos predizer e controlar os acontecimentos.

Por um tempo, essa zona produz uma sensação positiva. No entanto, ela nos impede de aprender coisas novas e de progredir em nossas vidas pessoais e profissionais.

Muitos que tiveram a coragem de arriscar e conseguiram alcançar seus objetivos iniciais, após chegarem nesse momento, entram numa zona de conforto e deixam de buscar a evolução constante. Essas pessoas ao chegarem no lugar desejado, entram num relaxamento e isso pode levar tudo por água abaixo.

E AGORA?

Pouco ainda sabemos sobre o que somos, de onde viemos e para onde iremos. Essa busca incansável que nossos cientistas trilham no intuito de resolver essas questões deve ser admirada, apoiada, contestada, aprovada e testada.

O nosso poder de cocriação hoje está embasado em vários estudos de forma separa, dispersa, mas que se juntada todas as vertentes como aqui estamos falando, por exemplo através da religião nas passagens bíblicas escritas pelos apóstolos, pela frases e pensamentos oriundos de filósofos como Platão, Pitágoras e tantos outros, através das crenças e filosofias hinduístas, budistas e várias outras vindas da cultura oriental e também das recentes descobertas da física quântica, todos possuem o mesmo denominador comum, o mesmo foco central e a mesma linha de clareza a respeito do assunto.

Existe várias formas de se evitar práticas de autossabotagem ou mesmo se livrar delas em estágios mais avançados.

Como essa ação está muito intrinsicamente ligada a autoestima e também às crenças limitantes que são criadas através das informações recebidas durante a nossa educação, é fundamental que cuidemos desse aspecto e investindo no autoconhecimento.

É importante e conveniente que você entenda as suas crenças e sua forma de ver o mundo. Muitas vezes, crenças e valores limitantes apenas existem em sua mente e, em razão disso, consequências negativas acontecem na sua vida.

As grandes mudanças só acontecem quando o medo de sair da zona de conforto se desfaz. Essas mudanças exigem deixar a sua zona de conforto e passar a encarar as novas situações desconhecidas.

Outra forma bastante eficaz na prevenção da autossabotagem é a meditação e os exercícios de controle mental que já foram explicados aqui.

Manter uma rotina de relaxamento diário através da metodologia P.I.S.A.R., vai te trazer aos poucos a confiança necessária para atravessar esse período de descrença e de autossabotagem, pois quando a dúvida não for mais sua inimiga você perceberá que seus desejos, projetos e metas serão alcançadas facilmente e a partir daí cria-se uma espiral de crescimento mental e evolução do ser.

A evolução da mente se faz quando buscamos mais conhecimentos e buscamos nos conhecer melhor, de modo a entender e ultrapassar os desafios que virem a surgir. A mente humana está em constante evolução considerando que cada experiência é um novo aprendizado.

Tudo aquilo que vivemos nos traz algo de bom ou de ruim, e compete somente a nós evoluir mentalmente e tirar lições daquilo que a vida tem exigido de nós.

·

PALAVRAS FINAIS

E AGORA?

E AGORA?

> O segredo da saúde mental e corporal está em não se lamentar pelo passado, não se preocupar com o futuro, nem se adiantar aos problemas, mas viver sabia e seriamente o presente.
>
> BUDA

Gostaria de terminar esse nosso novo encontro com essas palavras sábias de Buda.

Hoje a sociedade como um todo passa por grandes momentos de aflições. A tecnologia nos ajudou bastante em vários segmentos, mas ao mesmo tempo nos trouxe vários desafios de origem comportamental.

A velocidade com que as informações são propagadas e o controle dessa mídia digital por uma pequena parte de conglomerados empresariais dá a possibilidade de manipulação da informação que é transmitida para toda a população.

Devemos estar atentos as verdadeiras informações. Essas também estão com livre acesso nas mesmas mídias, principalmente nas ferramentas de busca na internet, porém poucos de nós temos a iniciativa e o interesse em busca-las.

Isso é parte do que estamos vendo mundo a fora. Uma população sempre submissa e esperançosa que as coisas aconteçam sempre pro parte do outro. Não percebem que somos capazes de modificar nossa vida e dar a ela o rumo que desejamos.

Como disse Buda, "...não se lamentar o passado, não se preocupar com o futuro e nem se adiantar aos problemas, mas viver sabia e seriamente o presente".

Porque nos preocuparmos com fatos do passado se temos a consciência que o passado não determina o futuro? Os fatos que aconteceram no passado não são obrigatórios que voltem a acontecer no futuro.

Porque nos preocuparmos com o futuro se temos a capacidade de cocriarmos ele da forma que desejamos? O que nos falta é aplicabilidade em nosso dia a dia dos conhecimentos já adquiridos pelos cientistas e pesquisadores.

Temos que nos aprofundar na nossa evolução como ser humano e deixarmos de ser escravos no "acaso", pois o acaso não existe. O que existe é um mar de probabilidades que podem acontecer na sua vida e somente você (observador) é capaz de transformar essas possibilidades naquela que melhor te agrada.

Muitos são os documentos, relatórios e artigos científicos que comprovam tudo que foi dito aqui nesse livro, mas se cada um de nós não tomarmos a iniciativa de abrir-se para uma nova realidade, permaneceremos por muito tempo ainda no mesmo local que estamos hoje, cada vez mais teremos uma grande discrepância de valores, conhecimento e prosperidade entre as pessoas da terra.

E AGORA?

E AGORA?

Não acredite em algo simplesmente porque ouviu. Não acredite em algo simplesmente porque todos falam a respeito. Não acredite em algo simplesmente porque está escrito em seus livros religiosos. Não acredite em algo só porque seus professores e mestres dizem que é verdade. Não acredite em tradições só porque foram passadas de geração em geração. Mas, depois de muita análise e observação, se você vê que algo concorda com a razão e que conduz ao bem e benefício de todos, aceite-o e viva-o.

BUDA

www.ingramcontent.com/pod-product-compliance
Lightning Source LLC
Chambersburg PA
CBHW020655220526
45464CB00001B/437